耐得住工作寂寞 扛得住职场诱惑

NAIDEZHU GONGZUO JIMO

KANGDEZHU ZHICHANG YOUHUO

耐得住工作寂寞，实现人生目标、自我价值，体会生命的无限精彩；扛得住职场诱惑，不断丰富、完善、超越自我，成就辉煌的职场人生！

在寂寞中坚持，在诱惑中坚守，今天的磨难孕育明天的成功！

向亚云 刘辉兰◎著

中国言实出版社

图书在版编目(CIP)数据

耐得住工作寂寞 扛得住职场诱惑/向亚云,刘辉兰著.
—北京:中国言实出版社,2013.3
ISBN 978-7-5171-0091-1

Ⅰ.①耐… Ⅱ.①向…②刘… Ⅲ.①成功心理—通
俗读物 Ⅳ.①B848.4—49

中国版本图书馆 CIP 数据核字(2013)第 036744 号

责任编辑:李 生 孙法平

出版发行	中国言实出版社	
地 址	北京市朝阳区北苑路 180 号加利大厦 5 号楼 105 室	
邮 编	100101	
电 话	64966714(发行部)	51147960(邮 购)
	64924853(总编室)	64963106(二编部)
网 址	www.zgyscbs.cn	
E-mail	zgyscbs@263.net	
经 销	新华书店	
印 刷	北京市德美印刷厂	
版 次	2013 年 4 月第 1 版 2013 年 4 月第 1 次印刷	
规 格	710 毫米×1000 毫米 1/16 13.5 印张	
字 数	186 千字	
定 价	32.00 元 ISBN 978-7-5171-0091-1	

对于我们每个人来说，工作既是一种生存的需要，又是我们融入社会的重要方式。同时，工作还让我们提升自己的能力、实现自我价值。

美国发明家爱迪生说："我的人生哲学就是工作。"纵观古今中外的成功人士，他们的辉煌业绩和名垂千古的伟业，大多是在某一种行业或职业中获取的成功。

前苏联作家高尔基说："工作是一种乐趣时，生活是一种享受！工作是一种义务时，生活则是一种苦役。"我们要想在某一行业中做出点成绩，就得爱自己的工作，专注于自己的职业，用心地投入到工作中去，让自己体验到工作的无限乐趣！

成功需要我们细心地去工作，需要我们耐心地去坚持。有人说，在工作中，最难耐的是寂寞；人在职场，最不能抵挡的是诱惑。

我们许多人在工作中都有这样的体会：在长时间从事同一份工作时，就会感到工作的重复与琐碎，枯燥与乏味，心里经常涌起一种难以排散的寂寞之感。这个时候，我们会不由自主地向往那些赚钱多、表面上看起来很轻松的行业。就在我们因寂寞而向往其他工作时，心灵也处于最空虚、无助的一刻，此时最容易被外界的事物诱惑、动摇内心的信念，一不留神，就会让自己为了那短暂的快活而与成功失之交臂。

其实，成功者和我们一样，在职场奔波时，寂寞也会成为工作的常态，此时诱惑也时常围绕在他们周围。但与我们不同的是，成功者对寂寞更有忍耐力，对诱惑更有免疫力，所以他们能对抗孤独、抵挡诱惑、坚定自我，最终获得成功。

在职场上，寂寞和诱惑一直默默地追随着我们，当我们在工作中追逐自己的梦想时，当我们在工作中实现自己的目标时，当我们在工作中遇到困难时，当我们在工作中试图跨越一个高度时，当我们在工作中需要提升自己的能力时……寂寞和诱惑就会跳出来，趁我们心绪烦乱时火上浇油。

如果我们意志不够坚强，就会从最初的迷茫变为最终的绝望甚至放弃。但如果能抵挡住它们，那么我们就会离成功更近一步。

实际上，每一个人能否在职场成功，与能否耐住寂寞和扛住诱惑有很大关系。这是因为我们每个人在刚开始工作时，都是站在同一起跑线上的，但工作一段时间后就会发现，每个人的工作效率就大不相同了，这其中的原因，就在于每个人处理寂寞和诱惑的态度不一样。

在工作中耐不住寂寞的人，自然也扛不住职场形形色色的诱惑。当诱惑用华丽的外表迷乱他们的眼睛、分散他们的注意力、扰乱他们的内心时，他们就会在虚掷大把的美好时光的同时，被诱惑彻底吞噬掉，直到他们心底那最后的良知也完全丧失并抛弃他们。当被诱惑抛弃后，他们在余生中除了绵绵不绝的悔恨外，很难有东山再起的机会。

对于每一个职场人士来说，工作中来自金钱和贪婪的诱惑，是事业路途上最难搬移的绊脚石，一不小心就会让你抱憾终生。而那些耐得住寂寞、扛得住诱惑的人，他们往往比别人更多了份坚守和坚持，因此，他们在事业上才会走得更远，他们的人生才会更加丰富而灿烂。

寂寞和诱惑就是一把双刃剑，虽然经常光顾我们，但只要我们在工作过程中调整好心态，寻找到提升自己的方法，在工作过程中吸取失败的教训，总结成功的经验，就会在寂寞的工作中实现自我价值，体验到工作的乐趣，享受工作带给我们的别样快乐。

当我们在工作中一次次挺过了寂寞时，我们的心灵会得到升华，变得更坚强、更抗压、更成熟；当我们在职场中扛住一次次诱惑时，我们会更加热爱自己的职业。

让我们在寂寞中坚持，寂寞洗涤浮躁的心灵后，我们才能积极、踏实地工作，在工作中取得成就；让我们在诱惑中坚守，让诱惑锻炼坚强的意志，我们才能扛得住职场诱惑，让自己能在许多光鲜的职业中，在那名利的诱惑中，独独钟情于自己从事的这一份职业。

虫蛹化成蝴蝶，丑小鸭变成白天鹅，都是在寂寞的等待和坚守中实现的。为了追求更大的目标，为了寻找事业的辉煌，那么，从现在开始，耐住寂寞，克制自己的欲望，放弃眼前的诱惑，踏踏实实地做好我们的本职工作吧。

任何人，只有在工作中耐得了寂寞，在职场上扛得住诱惑，职场的路才会越走越宽，未来才会充满光明，最终成就自己的梦想和事业。

目 录
Contents

上篇　在寂寞中坚持,方能取得工作成就

不在寂寞中消沉,就在寂寞中发奋。这是职场成功人士总结出的亘古不变的经验。在这个浮躁的社会里,我们要想让自己在工作上取得一番成就,就得学会在寂寞中坚持、奋斗。

第一章　耐住寂寞,平淡地工作是一种境界

平淡,是一种理性,是一种坚韧,更是一种境界。平淡的人,在工作上甘于寂寞,埋头苦干,于无声处创出惊人的业绩;平淡的人,工作时会镇定自若,不为俗世名利所染;平淡的人,面对工作上出现的困难不愠不怒,不惊不惧;平淡的人,在工作中默默付出,从一点一滴做起,最终于平淡中见神奇,做出令人惊叹的成绩。

第二章　耐住寂寞,在工作中磨炼,在磨炼中成长

物不经锻炼,终难成器;人不得切琢,终不成人。每个人的成长都需要长期艰苦的磨炼和自我修养的完善。而加快我们成长的是来自工作的磨炼,当我们在工作中忍受寂寞时,不但提高了工作能力,还锻炼了意志、磨炼了心志、开阔了眼界。可以说是每经受一次工作磨炼,我们就会得到一次全面成长的机会。

1

第三章 耐住寂寞,在工作中享受幸福生活

工作是生活最重要的组成部分,是我们生存的"饭碗",是成就事业的根本,是人生价值的体现,也是生活幸福之所在。耐得住工作寂寞既是一种职业品质,又能让我们真正做到心态平衡。人在职场,只有经受住成功和失败的各种考验,才能在工作中享受幸福生活。

第四章 耐住寂寞,在坚持中等待成功

成功的路上充满艰辛,每一个追求成功的人都不会一帆风顺。坎坷、无奈、寂寞、孤独常常伴随在身边。我们只有正视寂寞并努力承受,心灵才会在静守中成长,生命才会在沉淀中繁华。在追求成功的过程中,我们要耐得住寂寞,在坚持中等待成功。因为当寂寞成为一种切身的感受、成为生活的状态时,成功看似遥遥无期,其实它已经悄悄到来。

中篇　在诱惑中坚守,方能提升自我价值

在物欲横流的今天,各种披着美好外衣的"诱惑之花"越开越艳,时时刻刻冲击着我们心中那最后的防御阵地。诱惑并不可怕,因为罂粟花再美,只要不去触碰,一样不会自我沦陷。真正可怕的是自身原则的微弱,所以,我们只有不断改变、完善、超越自我,在诱惑中坚守,才能经得起外界的各种诱惑,提升自我价值。

第五章　扛住诱惑,从建立正确职场观念做起

在充满诱惑的时代,利益诱惑布满在人生的路上。在竞争激烈、优胜劣汰、充满压力的职场中,有多少人由于身边的名利诱惑而迷失了自我。在这个充斥着诱惑的职场上,我们要想守住一份心爱的工作,就得建立正确的职场观念,认清自己,选对职业,同时在工作中把控自己,扛住诱惑。只有这样,才能让自己在职场中走得更好更远。

第六章　扛住诱惑,用忠诚敬业体现职业本色

忠诚敬业是一种自发的最基本的职业态度,是珍惜生命、珍视未来的表现,同时也是我们工作的强大动力。对工作忠诚敬业不但能够体现个人的价值,还能让你把工作当成一种享受,从更高层次上获得精神的需要。我们只有把忠诚、敬业精神落实到本职工作中,才能让自己扛住来自职场的各种诱惑。

第七章　扛住诱惑,责任感是职业精神的核心

责任感是我们行动的动力和源泉,是职业精神的核心,是个人的坚守,是人生的升华,更是一种与生俱来的使命。在职场上,责任感是我们必须具备的最基本、最重要的素质之一。强烈的责任感让我们拥有较强的自信心与使命感,让我们会对工作投入极大的热情,并促使我们在工作中不断进取。我们只有对工作具备了高度的责任感,才能让自己扛住各种诱惑,全身心地投入到工作中去。

第八章　扛住诱惑,自律让你舍弃职场各种诱惑

"人无自律,不知其可也"。职场上,自律是提高工作效率的基础,它既让我们的工作更有条理,也能让我们扛住工作之外的各种诱惑。自律通常有两种表现方式:一种是自己想做的事不应该做;另一种是自己不想做的事应该做。前者是欲望的诱惑,后者是安逸的诱惑。这两种自律方式都能考验我们抵御诱惑的能力,有助于我们形成良好的习惯和品质。

下篇　耐住寂寞,扛住诱惑,创造美好的职场人生

对于每个人来说,日复一日的工作虽然枯燥难耐,但也是一种被需要,一种被肯定的荣誉,是一种人生价值实现的快乐。我们只有在工作中耐住寂寞、扛住诱惑,在寂寞中坚持、在诱惑中坚守,才能让今天的寂寞孕育明天的成功,让自己把握住生命中最美好的时光,创造辉煌的职场人生。

第九章　忍受寂寞，舍弃诱惑，在工作中体会生命的精彩

　　工作是人生最尊贵、最重要、最有价值的行为。每个岗位对工作都会有不同的体会和感受，它不但帮助我们实现自己的人生目标和人生价值，更带给我们许多意想不到的收获。因此，我们要想在工作中体验更纯粹的生活，就得忍受寂寞，舍弃诱惑，这样才能让自己在工作中体会生命的精彩。

第十章　耐住寂寞，扛住诱惑，成就辉煌的职场人生

　　耐得住寂寞是一种心境、一种智慧、一种蓄积的惊人力量；扛得住诱惑是一种境界、一种态度、一种坚定的生活信念。当今社会弥漫着浮躁情绪，但身在职场的我们却不能受此影响，因为工作是生活中的重要部分，要想在职场上有所作为，我们就得在工作上耐得住寂寞，扛得住诱惑。这样我们才会一步步远离青涩、摆脱浮躁，让心态变得成熟与平和，在工作上有新的突破和进展，从而成就自己辉煌的职场人生。

在寂寞中坚持，方能取得工作成就

　　不在寂寞中消沉，就在寂寞中发奋。这是职场成功人士总结出的亘古不变的经验。在这个浮躁的社会里，我们要想让自己在工作上取得一番成就，就得学会在寂寞中坚持、奋斗。

第一章　耐住寂寞,平淡地工作是一种境界

平淡,是一种理性,是一种坚韧,更是一种境界。平淡的人,在工作上甘于寂寞,埋头苦干,于无声处创出惊人的业绩;平淡的人,工作时会镇定自若,不为俗世名利所染;平淡的人,面对工作上出现的困难不愠不怒,不惊不惧;平淡的人,在工作中默默付出,从一点一滴做起,最终于平淡中见神奇,做出令人惊叹的成绩。

1.

重复地工作,最折磨人也最锻炼人

重复的工作,是每个职场人必须面对的事情。因为再新鲜、刺激的工作,时间长了都会变成日复一日的重复。

德国工人哲学家狄慈根说:"重复是学习之母。"所以,我们要学会在重复的工作中不断地调整自己。达·芬奇小时侯学画画,一开始就被要求学画鸡蛋,当他兴致勃勃地画了一张又一张,以为画出了满意的作品时,却被老师要求再重画。正是重复地画鸡蛋,让他从中悟出了画画的真谛,最终成为名垂千古的画家。

其实,简单机械的重复也是学习的一种必要方式:古人从小就读不知其义的四书五经,最后成为满腹经纶的才子;书法家为练好一横,可以耗尽几缸水,最后终成一体;跳水运动员为做好一个动作,反复地训练,最后

获得成功;演员每演一个角色,反复地排练,最终让那个角色打动观众,成就自己……不管是达·芬奇画鸡蛋,还是其他种种重复的工作、学习,都揭示同一个道理,即通过重复来培养出良好的心态和形成良好的习惯;磨掉急躁的性子、浮躁的心理,形成一种平和、自然的心态,从而进行更深层次、更丰富的学习,实现自己的目标,这才是真正的目的。

在职场中也是同样的道理,把简单的事情重复做,你就是专家;把重复的事情用心做,你就是赢家。在重复的工作中历练自己的心志,在单调的工作中寻求新意,把枯燥的工作做得出色,把繁琐的工作做得有条不紊,把平凡的工作做得有滋有味,那么你就是赢家。所以说,重复地工作,最折磨人也最锻炼人。

把工作做好,是公司发展进步的需要,也是对员工最基本的要求。实际上,把工作做好,受益的是你自己。当你能从容地应付每天的工作时,这就在无形中提升了你的工作能力;当你正视工作中的挫折和困难并克服它时,也在无形中锻炼了你的心理素质。更可喜的是,当你获得工作的成功时,荣誉也随之而来。这才是真正的生活,真正的工作。当平淡成为工作的常态后,你才能从中得到锻炼。

安德鲁·卡内基1835年出生于苏格兰。后全家移民美国。由于家境贫寒,所以卡内基很早就开始为生存而工作。他当过信差,记过账,当过电报收发员、秘书,还当过铁路管理局长。他虽然没有读过大学,但在社会这所学校里他以自己的才华,从一个小信差一跃而成为一个世界闻名的钢铁公司的首脑,资产超过1亿美元。1910年,在卡内基的有生之年创立了"卡内基国际和平基金会"。

卡内基13岁那年,他们全家定居在美国距匹兹堡不远的新兴市郊住宅区——阿勒格尼城。全家人暂时住在拉比卡街的舅父霍甘家,过着寄人篱下的生活。

为了生计,14岁的卡内基在一个电报公司当送电报的信差。为了做好这份工作,他用了一个星期就记熟了匹兹堡的大街小巷,两个星期之后,他连郊区也了如指掌。他的工作受到了肯定和公司的好评。信差的工作在邮局的岗位序列里级别最低，工作强度最大，也是挣钱最少的一个工种。而且时间长了会变得极度乏味，乏味到每一天每一秒都干同样的活。

和卡内基一起进去的人，大部分是成年人，他们在干过一段时间后，认为这个工作简直就是在折磨人，没多久就离职了。只有14岁的卡内基对这个单调的工作充满激情，他心里明白，自己赚的这点薪水，对家庭非常重要。

为了让这单调的工作变得不那么枯燥，卡内基总是想尽一切办法丰富自己的工作内容，利用业余时间来学习与本职工作相关的技能。那时，他每天都是提前1小时到达公司，打扫完之后，他就悄悄跑到电报房，在一旁看着收报员操作电报机，在心里默默地记下操作的程序。一年后，由于工作出色，卡内基就成为管理信差的监督者。

一天早晨，卡内基像往常一样，走进电报房。恰巧来了一个紧急电报，当时收报员恰好不在，对此工作已经轻车熟路的卡内基，立即动手收报，并送到收报人的家里。公司总经理听了卡内基的汇报之后，对他的做法大加赞许，并把他的薪水加到了13.5美元。这对于一个孩子来说真是一笔巨款呀。从此以后卡内基的工作热情更大了。

就是这份单调而枯燥的送报工作，卡内基一干就是3年多，在这3年当中，他不但把本职工作完成得非常好，还让他养成了边工作边学习的好习惯。

卡内基17岁那年，铁路方面在匹兹堡设立西部管理局，局长斯考特一上任就来拜访电报公司。当时还没到上班时间，正在扫地的卡内基放下手中的扫帚，一个人出来接待这位新来的贵宾。斯考特局长和气地对卡内基说："你能帮我把这15封电报尽快拍发出去吗？"卡内基立即拍发了这15封电报。

"谢谢！安德鲁，我还会再麻烦你的！"第一次合作愉快顺利，斯考特再三致谢离去。后来，斯考特来电报公司发报，总要特别指明："请安德鲁拍发！"

时间长了，斯考特局长被卡内基安于本分、脚踏实地的工作作风打动，对他非常赞赏，就想尽一切办法把他调到铁路的斯考特事务所,让他一方面做报务员,一方面授权给他监督公司内的会计。卡内基从此开始了他走向成功的第一步。

　　卡内基的成功告诉我们,要想让自己的工作不单调乏味,就得靠自己想办法在工作中寻找乐趣。这种乐趣就是多学习与本职工作相关的知识,这样一方面扩大了工作面,丰富了工作内容,一方面在不断地学习的过程中体验进步的快乐,从而让自己的工作变得丰富多彩起来。

　　任何一份工作,就是在长时间内做着重复的一系列动作,做着重复的一系列事情。但正是这些重复的工作,在折磨我们的同时也磨炼了我们。我们在工作中忍受寂寞的同时,也获得了锻炼,提高了自身的能力。在这个过程中,工作给予你的不只是一份能力,还有你对工作的态度和眼界,以及你打算改变它时养成的好习惯。试想一下,卡内基若没有3年多的信差工作的磨炼,他怎么能养成踏实工作和爱学习的好习惯呢? 而这些,正是他后来成功的原因。

　　约翰逊说,伟大的工作,并不是用力量而是用耐心去完成的。请让我们平和地面对每天平淡枯燥的工作吧,正因为工作的枯燥,才锻炼了我们的耐心和毅力;正因为工作的重复,才让我们为了创新而从简单的工作中提炼规律,寻找提高效率的工作方法。我们只要坚持下去,就会在工作中有更多的收获。

　　重复而枯燥的工作既可以让一个弱者变得更弱,与成功越来越远,也可以让强者变得更强,离成功更近。不在重复枯燥的工作中消沉,就在重复枯燥的工作中崛起。在工作中,你是做一个强者、一个富有创新意识的人,还是甘于做平淡乏味、默默无闻的人,这就要看你有怎样的工作态度和方法了。

2.

工作的最高境界是在平淡中找到快乐

平淡,是一种理性,一种坚韧,是在漫漫人生旅途中闲看云卷云舒、花开花落的心境,它反映了一个人的修养、性格和气度,是一种和谐、健康、文明的精神状态和生活方式,不管你从事什么职业,职位高低,财富多少,假如能够做到平淡,就说明你达到了人生的一种最高境界。平淡如"桃花源",那是陶渊明想象的理想境界,在那里,整个社会都是以平淡为理念和生活方式的,人们也在享受平淡所带来的幸福和欢乐。

平淡的人就是镇定自若,不为俗世名利所染,吴钧在《与朱元思书》中讲:鸢飞唳天者,望烽息心;经纶世务者,窥谷忘返。他平息名利之心,潜心于修经学典和壮美山河之间,生活得潇洒从容。

平淡的人宠辱不惊,物我两忘。欧阳修遭贬之后,与庶民同乐,不仅没有悲观失意,更加造福于当地百姓,于山水环抱中写下了"醉翁之意不在酒,在乎山水之间也"。

在职场中,我们只有做到了心灵的平淡,才能在工作中气定神闲,工作起来不紧不慢,不急不躁;面对逆境不愠不怒,不惊不惧。

平淡地对待工作,需要我们甘于寂寞,埋头苦干,于无声处创出惊人的业绩。千百年来,有多少人都是在平平淡淡中修身治世而流芳千古。李白放弃高官厚禄的机会,醉心于诗情画意之中,终成一代诗仙;怀素练字没有纸,用了一万株芭蕉的叶子,写秃的毛笔堆成了山,终于成了一代草书大师。从先秦诸子到唐宋元明数不胜数的先贤和诗词作家,从历朝历代治世能臣到曹雪芹等没有功名的绝代奇人,无不是在平淡中修身修学,在平淡中著书立说、在平淡中治世安邦。放眼今天,掏粪工人时传祥、公交售票员李素丽等都是在平平淡淡中取得了不平凡的业绩,受到人们的尊重。

在我们的生活中,工作的最高境界就是在平淡中找快乐,这是一种积

7

极的工作态度,快乐的工作首先要以工作的快乐为基础,快乐则来自对所从事工作的理解和胜任。理解是一种境界,胜任是对工作主动性的把握,是工作的底线,也是人生价值的实现。没有胜任,就谈不上快乐;没有胜任,就会有无穷无尽的烦恼伴随你。胜任未必愉快,但不胜任就一定不会愉快。

快乐工作,快乐生活,无论对公司还是对个人,都意义重大。在那些成功人士身上,都有积极的职业信念、愉悦的工作情绪和较高的幸福感。

什么是职业信念呢?

职业信念不同于职业道德、职业素养。职业信念是个体对待工作、对待生活、对待人生的态度,它更深刻地表现为个体的世界观和价值观,个体的工作态度和动力。职业信念不只是要求员工付出,更不是刻板的教条说教,它是以积极的方式,培养员工的工作态度,实现员工和公司的共赢。因此,我们要善于在自愿工作中追求快乐。

我们要明白,一个人的存在价值在于他能够为别人提供优质的服务,并以此来换取别人对自己的服务。一个人只要坚信自己的工作于他人有益,于社会有益,就能在工作中体验到一种快乐,而这种快乐要在不断追求工作的进步中来获得。

对于我们来说,快乐的工作状态就是能够发挥出自己的潜能,能够实现自己的价值,对自己的工作状态感到满意,工作量和难度处于适度状态,并能够获得适度的认可与回报。

　　股神巴菲特已经 80 多岁了。但他对公众说,他是不会退休的,并说:"我打算工作到超过 100 岁。"巴菲特是一个工作狂,似乎他从来没有说过工作是痛苦的。一位年轻的记者跟随巴菲特参加 2009 年的伯克希尔股东大会,记者为了采访他,累得快趴下了,但是巴菲特却连续工作了 12 个小时,在回答股东提问时,思维仍然清晰流畅。

　　这真是一件怪事。更让我们感到奇怪的是,巴菲特每天的工作也没有多少乐趣可言,但他就是喜欢待在办公室里,不停地工作,从中体会快乐。

　　有人对巴菲特说:"你这样高强度的工作对身体是一种

伤害。"

　　巴菲特听到后，笑着反问："五六十年来我就承受了这样的高强度工作，你看我的身体怎么样？"

　　1995年伯克希尔公司股东大会上，一位股东问巴菲特："现在你已经是美国最富有的人了，你下一个目标是什么？"

　　巴菲特说："我的下一个目标是成为美国最长寿的人。"

　　那位股东追问："那你的长寿之道是什么？"巴菲特说："快乐工作，快乐生活。"

　　这就是巴菲特的健康秘方，他能在自己平淡的工作中找到无限快乐，以至于他说自己每天都是跳着踢踏舞去上班的。用这样的心态工作，那简直就是享受。

　　目标不同，心态不同，感受就不同。工作是完全可以用来享受的，就看你怎样来理解了。如果你为手中的工作痛苦，那么不妨换个角度试试看。也许工作就会由痛苦变成快乐了。

　　工作着的人是美丽的，工作着的人是快乐的。这需要我们有一个工作目标，这样会给自己的生命注入自信、勇气、坚强和航向。

　　对于每一个职场人来说，工作最美的境界是每天笑靥如花地工作。因为快乐工作能使我们充分发挥个人潜能，实现自身价值，让我们获得荣誉，同时还能为公司带来最大效益，使公司在竞争中取胜。当你怀着这样的目标去工作时，相信寂寞就不会袭来。

　　当然，除了工作目标，态度也是很重要的，你对待工作的态度将决定你是否快乐。态度决定一切，它可以是你的无价之财富，也可以是你成长的最大障碍，这一切在于你如何把握，寸有所长，尺有所短，一个人应该利用自己的特长和兴趣，激发自己的活力因子，满怀激情、全力以赴地热爱自己所从事的工作。

　　除了目标和态度，良好的人际关系，也是快乐工作的助推器。早有古训"三人行，必有吾师"，也有俗语"一个篱笆三个桩，一个好汉三个帮"，团结向上的工作团队能激发人的进取心，即便是枯燥乏味的工作也不会使人丢掉快乐。从自己做起，不要当环境的被动者，要做环境的创造者，在合作中分享工作的快乐。

　　工作是学习的最好课堂。快乐工作会使我们对社会的认知、人生的感悟、事业的追求更深入。快乐工作会把一切变得更加简单，置身其中，你我他也会同化为一体，让自己变得大度、宽容、豁达起来。快乐工作还是对自身的尊重，是完善自身人格的需要。

　　世界上存在很多相同的工作，但世界上却没有相同的人，在工作中去体现世界上这个独一无二的你，在工作中用认真专业务实的态度去挖掘潜伏在自己体内的潜质，将其开发出来，并用工作的政绩去体现。这是对自己最好的尊重，也是对自己人格的最好的完善方式之一。

　　用心工作必定会有所成绩。这成绩是指工作的熟练和得心应手、工作经验的丰富、较强的处理问题的能力等等。这些能力能增强我们的自信，会让我们内心产生一种成就感，而这样的感觉会让自己增强适应社会的能力。这样的一种良好的心理状态会产生一种良好的心理暗示，这种暗示对人的身心健康是非常有益的。

　　让自己在工作中快乐起来，需要我们拥有一颗平平淡淡的心，这样才可以从工作中的一点一滴做起，把工作中的每一件小事做好，于平淡中见神奇，做出令人惊叹的成绩。当你因为快乐工作而让自己快乐生活的时候，那就是快乐工作带给你的最好的回报。

3.

任何"好"工作，都来自好心态

　　哲人说："你的心态就是你真正的主人。"好心态在很大程度上可以改变一个人的命运。心态影响着人的情绪和意志，心态决定着人的工作状态与质量。在工作当中，好心态更是你能做"好"工作的源泉。

　　拥有好心态，我们才能够更持久地做自己喜欢的工作。拥有好心态，才能够让自己从不喜欢的工作中获取快乐。英国作家约瑟夫·康拉德说："我不喜欢工作——没有人会喜欢工作——但是我喜欢在所从事的工作中找到发现自己的机会。"这句话的意思就是，让我们一定要把眼前不喜欢的工作努力做好，从而"发现自己的机会"，寻得工作的快乐。有一句话说得好：把喜欢的工作干得很漂亮是一个人的本能；把不喜欢的工作也干得很漂亮才是一个人的本事。

保持良好的心态，才可以远离悲观消极。客观事物是不变的，变的是一个人对环境的观感。所以，我们要善用乐观的心态，只有这样才可以在职场上发挥潜能。

在漫长的职场生涯中，我们总会遇到一些工作上的挫折。假如我们能用不同的心态面对挫折，便会产生不一样的效果。有一句话说得好："失败乃成功之母"、"在哪里跌倒，就在哪里站起来"。不过，在真实环境中，有些人却无法再站起来，这是什么原因呢？

原因很简单，那就是心态不一样。良好积极的心态，让你认为跌倒是一次崭新的和学习的机会；消极的心态让你认为跌倒是"行衰运"。所以只有积极的心态，才可以令你在工作中保持高昂的斗志，消极的心态只会令你终日怨声载道。

拥有良好的职场心态，可以让我们在挫折中找到自己的优点。挫折让我们重新审视自己，发现自己的优势或有待改进的地方。

其实，每个人身上都蕴藏着无法估计的能力，只是不懂得加以发挥。许多人都是在自己遇到挫折、受到巨大打击的时候，才唤起自己所潜藏的能量。所以，我们要感激在工作中遇到挫折的机会，学会欣赏或激励自己，以让自己保持良好的心态。

无数成功人士所走过的道路已经证实：只有好心态才是成功的关键。好心态是我们一生中的好伴侣，让人愉悦和健康，心态是我们的真正主人。积极的心态已经成为当今世界比黄金还要珍贵的最稀缺的资源，它是个人决胜于未来最为根本的心理资本，是纵横职场最核心的竞争力！

杰克·韦尔奇在获得了博士学位后，在 1960 年到通用电气公司找了一份初级化学工程师的工作，在皮茨菲尔德的一座破败的楼房里，他与另外一名化学专家为了建立这座工厂，花费了许多心血和精力，一年之后，这个工厂终于建立起来了，在公司的年度评语中,杰克得到了很高的评价。

　　尽管工作环境不佳,但他每天都怀着快乐的心情投入到工作中去。工作了一段时间后,他开始失望了。原来,通用电气公司只按照标准给他加了 1000 美元。因为无论表现得好与坏,每个人都会获得同样的加薪。杰克感到这个公司的官僚主义是如此严重,体制是如此僵化,公司的员工每天都板着脸,毫无激情地工作着,工作进度要多慢有多慢。这样的工作,毫无乐趣可言,和他以前想象的完全不同。他深知自己作为一个小职员,心态再好,也不能改变公司这种僵化的体制。当确定自己无法改变大环境时,他准备辞职,想到伊利诺斯州国际矿物化学公司工作。

　　当时,作为部门负责人的鲁本·古托夫听到韦尔奇即将离职的消息非常震惊,他决心不惜一切代价留住这位与众不同的年轻人。在告别宴会的前一天,他邀请韦尔奇夫妇共进晚餐。在就餐之际,古托夫对韦尔奇展开 4 个小时的说服攻势。他保证,他将使韦尔奇不受官僚作风的纠缠,并将利用大公司的资源为韦尔奇创立一个由他负责的小公司的工作环境。古托夫说:"相信我,只要我在公司一天,你就能利用大公司最好的部分进行工作,而公司最差的一部分将离你远远的。"

　　第二天,韦尔奇终于做出了肯定的答复。多年以后,鲁本·古托夫回忆说:"我今生最成功的推销就是留住了韦尔奇,因为留住了韦尔奇,才留住了通用今天的辉煌。"当然这只是表面现象,实际上,鲁本·古托夫更大的功劳是留住了一种用人机制。在之后的几十年中,韦尔奇使大公司的实力和小公司的灵活性相结合的能力得到了验证。古托夫为韦尔奇创造了这种充满快乐的环境,而韦尔奇又用乐观的态度,为更多的人创造了这种快乐的工作环境。

　　杰克留下来后,尽管公司的大环境仍然没有改变,但他决定改变自己的心态。于是,他每天上班时,都会嘱咐自己要快乐应对工作中的一切。渐渐地,公司的同事被他的快乐所感染,也不由自主地和他一样,开始热爱眼前的工作,每天都怀着好心情,把平凡的工作做得有声有色。

直到现在，同事们依旧记得当时杰克在公司的样子，他不但工作更加勤奋，而且脸上始终挂着灿烂的笑。每天出现在公司的他，微笑着向每一个同事问好。在工作过程中，无论遇到多大的困难，他都以积极的心态对待。

好心态带来好业绩。努力工作的杰克，不久成了PPO工艺开发项目领导人。由于这种材料看上去不怎么起眼，并且它很难塑造成型，所以市场不为人看好，许多人都劝他放弃。但杰克并没有气馁，他以乐观的心态继续坚持了下去。工夫不负有心人，他终于制成了一种在高温下具有很高的强度，并且容易塑造的材料。这种塑料制品的商业名称叫"诺瑞尔"。

1965年，通用公司根据杰克的建议，决定投资1000万美元，建立一座诺瑞尔加工厂，但是"诺瑞尔"的市场如何，谁都无法预料，因为害怕担责任，都不想掺和此事。在没人出头的情况下，积极乐观的杰克毛遂自荐，成为这个厂的负责人。

杰克非常清楚，这将是一场艰苦的战斗，但乐观的他对诺瑞尔充满了自信，当时所有的家用器具都是用金属制造的，用塑料代替金属能使产品变得既廉价又轻便，这将产生一次革命。为了保险起见，杰克推销的第一站就是通用的内部产业，但他们都对这个大胆的提法将信将疑。

于是杰克在他的工厂里用诺瑞尔制造出了电动罐头起子。他把电动起子向人们展示，让人们相信，塑料的用途远比人们想象的要多，甚至可以制造汽车车身和计算机外壳等。1968年，因为推销诺瑞尔的成功，杰克成为聚碳酸铵脂和诺瑞尔两种塑料制品部门的领导人，成为通用电气公司最年轻的一位总经理。

为了让自己的塑料事业走向成功，为了改变人们对塑料的认识，乐观的杰克用尽了各种办法，他首先让那些婴儿奶瓶、汽车、小器具用品的制造商们了解，利用塑料来制造这些东西，不但便宜、轻巧，而且更加耐用。然后他别出心裁，用一则巧妙的广告来推销自己的产品：一对野牛冲进了一家瓷器用品店，结果店里所有的东西都被摔得粉身碎骨，只有塑料制品完好无损。

这个广告获得了空前的成功,聚碳酸铵脂的使用终于引发了制造业的材料革命,美国消费者对这种比金属和玻璃优点更多的材料十分青睐,它成了世界上最为重要的塑料。杰克负责的塑料企业首次升格为一个部级企业。

这次成功为杰克的事业奠定了坚实的根基。他说:"我这一生最正确的决定,就是选择了这份令我感到快乐的好工作。在这里工作是我一生中最值得纪念的时光,而那段与工作小组的同事们共同努力工作的岁月,将成为我人生中最美好的回忆。"

杰克在工作上屡次成功,印证了一个道理:任何"好"的工作,都需要一个好的心态。正因为杰克心态好,在决定留下后,他才尽自己全力,来努力改变周围的工作环境,用快乐的心态来感染身旁的同事,从而让他们也爱上自己的工作。

人的一生不可能一帆风顺,职场生活也一样,在工作中会遇到各种各样的困难和挫折,但通常机会也会伴随着困境一起出现。如果没有乐观的心态,就没有办法发挥自己的能量,揭开困难的面纱,获得成功的机会。

美国成功学院对 1000 名世界知名成功人士的研究表明,好的心态决定了工作成功的 85%。对比一下我们身边的人,不难发现,有的人在工作中成绩出色,屡受表彰或重用;而有的人尽管工作多年,却一直少有建树。他们之间之所以有这么大的差别,不仅仅是因为聪明才智、业务技能或工作能力上的差距,在很大程度上是因为对待工作的心态不同。

心态决定成功,当我们明白了这个道理后,即使在工作上遇到挫折,也不要有一种失败者的感觉。对于同一件事情,抱着不同的心态处事,便会产生不同的结果,这也就是大家熟悉的半杯水的故事:桌上放了半杯水,心态积极的人会说:"有半杯水不错了!"但心态消极的人却说:"才有半杯水啊!"

我们每天上班时,应该把焦点集中在那些令自己感到开心的事物上。环境本身并不能令人感到快乐或不快乐,只有个人对环境的反应,才能决定他的感觉是好还是坏,因为任何想法都改变不了已经发生的事实,真正影响我们心情的,是我们如何对待这些现实,所以许多时候是我们自己令自己不开心。只要有自己喜欢的理由,就可以保持良好的心态继续工作。

14

4.

压倒寂寞的侵蚀,让你每天笑靥如花地工作

寂寞是一种美丽,是一种灵魂上的苦闷孤独之感。当我们在每天几乎是同样的工作中感到无奈和寂寞时,要想办法来驱除这种寂寞。只有当你用默默的工作压倒寂寞的侵蚀后,你才能感觉到工作的别样意义,同时让自己在寂寞工作中完成你的使命。

也许,寂寞地工作是我们每一个职场人的使命。但工作中出现的寂寞是把双刃剑,它一方面让我们感到工作的索然无味,变得无精打采起来;另一方面,它又驱使我们绞尽脑汁来思考,如何逃离这寂寞,也正是在这思考的过程中,我们豁然发现,逃离寂寞就是珍惜当下的工作,把工作做得有滋有味,让自己在工作中,感受属于自己的职场人生。

温晓峰是公司的一名电脑程序员,由于从事这项工作三四年了,虽然他对工作尽职尽责,工作能力也很强,但他一直没有升迁。这让他开始厌倦自己的工作。每当他去公司上班时,他的心情会感到莫名的孤独和寂寞。

心情不好,自然会流露在脸上,这让他的表情也缺乏生气,无论是在老板还是在同事眼里,他那张冷冷的面孔变得不敢让人接近。为了少给自己惹麻烦,同事们总是尽量减少和他接触的机会。

有一次,他和几位同事合作一个项目。由于同事们都不想看他那张冷漠的脸,就背着他,私下里商量加班加点,快一点完成任务。在同事们齐心协力下,他们合作的项目提前一周完成了。为此还受到老板的表扬,为了奖励他们,老板还给他们每人发了一笔奖金。

温晓峰心里明白,自己在这个项目中没有出多少力,就当着老板的面,拒绝了要自己那份奖金,并诚恳地向老板提议道:"我无功不受禄,希望把这些奖金,分给我那些真正付出劳动的同事吧。"

他说话时的表情一改昔日的冷漠,变得热情而又真诚,在那一刻,同事们感觉到他真是一个和蔼、好相处的同事。因为对他的印象有所好转,同事们都坚决让他收下奖金。温晓峰感动只得笑着向同事们连声说"谢谢"。

此后,温晓峰为了表达对同事的感激之情,像换了个人似的,再也不吝啬自己的笑容了,他遇到同事就会笑着和他们打招呼。而同事们回报他的也是同样的礼貌的笑。渐渐地,温晓峰在同事面前话多起来。同事中谁需要帮助了,他总是第一个站出来施以援手。

时间长了,同事们都乐于跟他相处,他们不但在工作上打成一片,工作之余也友好相处。老板也意识到了他的变化,由于他的工作能力本来就很强,只是老板以前认为他不容易相处不敢给予重任。现在看到他人缘这么好,老板就提拔温晓峰做了部门负责人。得到重用的温晓峰,工作比以前更卖力了。

现在的他,每到上班时间,心情就莫名的快乐。他高兴地对朋友们说:"我好享受和同事们一起工作的好时光,以后我要写日记,让工作的好时光留在永恒的回忆中。"

事实证明只要你在工作中用快乐压倒寂寞,你就会发现,工作中的乐趣无处不在。所以,我们在工作过程中,要随时向周围的老板和同事传达自己的快乐,要知道,快乐是可以传染的,当我们把快乐带给了身边的人时,自己也就成了最快乐的人。

其实,在我们的工作环境里,与同事建立良好的人际关系,创造和谐的氛围,得到同事的尊重,不但对我们的生存和发展有着极大的帮助,也会让我们驱除工作中的寂寞,因为当我们拥有一个愉快的工作氛围时,我们可以让自己忘记工作的单调和乏味。

再好的工作也经受不住时间的洗礼,经受不住寂寞的侵袭。这需要我们真正认识到工作的内涵,明白工作不仅仅是为了金钱或者名利,还是一个证明自己、充实自己、提高自己的过程。当我们圆满地完成公司交给的工作任务时，内心升腾的那一种满足感、幸福感，才是我们工作的最终目的。

工作可以给人一种忙碌而充实的状态，这本身就比无聊发呆要快乐得多。从工作中享受快乐，就不会把工作当成一个苦差、任务，也不会让自己感到寂寞。

当我们在平凡的工作当中学到更多的能力时，就会发现自身的价值，发现自己在岗位上担任着重要角色……难怪有人说，工作让人充满自信，具有勇气，特别是当我们攻克工作中的一道道难关时，我们在收获成功的同时，也拥有了很多的工作经验，在面对下一次的工作挑战时，我们会变得更加成熟和老练。久而久之，我们不但不会在工作中有寂寞的感觉，还会让自己变得坚强起来。

让我们拥抱工作，学会快乐工作。这样，我们才能远离无聊寂寞的侵蚀。

阿兰在读大学时，她最怕的事情就是画画，经常对人自嘲，说自己没有画画的天赋。没想到毕业 10 多年后，她不但是某中学的模范老师，还成为当地小有名气的画家。

当年，她从师范毕业，被分配到本市最偏僻的乡镇中学教书，全校就她和另外一名代课教师，教的是复式班。学校离家近百里，得先走 10 多里小路，再坐班车，中途还得转车，到城里也是一样。对于刚过 20 岁的女孩来说，这简直是一种折磨。

生活的苦，她都可以忍受，因为她本身就来自农村，最难受的是孤独和寂寞。没有广播，没有电视，没有朋友，在漫漫长夜中，她经常是睁着眼睛想心事，想到以后自己就要与这种生活为伴了，她有点绝望，不知道该如何度过。

刚开始的几个月，寂寞的她每夜都是以泪洗面。后来，她也想明白了，分配到这儿，没有个三年五载，自己别想调走。既来之，则安之。她说服自己后，重新捧起书本来看，为排遣寂寞，她拿起了画笔。她想："上学时我怕同学笑话我画得不好，现在没人笑话了，我何不敞开心来画。"

就这样,她除了做好自己的本职工作外,每天就用画画来打发单调的日子,一晃就是12年。12年,4000多个日日夜夜,孤独和寂寞成就了她,知识的积淀,生活的历练,厚积才能薄发,她有话要说,有思想要表达,她把自己对世事的观察、心灵的感受诉诸笔端,用画笔画出了她的寂寞生活。没想到在不经意间,她就成了小有名气的画家了。

有人说,画画不但让人不再寂寞,还能够从中得到异样的满足,还能让自己宣泄情感,变得自信,因为你会发现你有自己的优势。更重要的是,画画能让你脱离尘世,发现生活和工作的意义和价值。自从她学画以后,她的教学工作也取得了不错的业绩,并因此而调入城里的知名中学。

两年前,她成功地在市里举办了画展。现在她的画升值很快。有许多人高薪聘请她去大公司做设计,市内一家大型杂志社,多次邀请她去当美编,连家人也劝她辞掉教师工作,专职画画,这样会让她很快发家致富的。

阿兰却拒绝了。她说:"我当初学画,就是缘于自己教学工作的寂寞和清闲,才让我有更多时间画画的。迷恋上绘画后,我深深地感觉到,自己的本职工作是多么有意义,当我站在讲台上,看着同学们求知的眼神时,当我看到他们听我讲课时那入迷的神情,我才恍然明白,这才是做教师的最大快乐。"

阿兰之所以能在绘画上有成就,是因为她在寂寞的教学工作上悟出了工作的道理,让自己在教学工作中体验到了乐趣。如果当年她不用绘画压倒寂寞,或许就不会有今天的成就和快乐工作。

美国的职场心理专家安波顿通过研究认为,快乐的市值是机会＋好人缘＋健康,有时,这甚至是无价之宝。快乐的人也拥有更多机会,这也是微软总裁比尔·盖茨在一次演讲中提到的。他认为如果每天和一个愁眉苦脸的人在一起工作,那么,这个人很可能成为办公室的环保情绪破坏者,所以他喜欢的员工是那种看上去阳光明媚的人,同时他也更愿意把升迁的机会留给这样的员工。

每一个在工作或是某方面有成就的人,都有一个共同的特点,就是长期默默无闻的辛勤耕耘和忍受孤独寂寞的苦苦奋斗。

有的人苦苦追寻成功的真谛，但就是找不到。其实不是找不到，而是他做不到。他们害怕孤独和寂寞，他们不愿付出。他们喜欢热闹，喜欢寻乐，他们今天走进大酒店，明天走出迪厅，试想，这样的人能成功吗？成功，只能属于那些无畏于孤独、寂寞和辛勤工作的人。

5.

战胜心灵的寂寞，体验工作中诸多乐趣

任何成功都是在孤独寂寞中诞生的。在职场上，我们谁能战胜心灵的寂寞，体验到工作的乐趣，谁就有可能在工作中获得更多的成功机会。

寂寞是对心灵的洗礼，也是一种工作态度。身在职场，我们只有耐得住寂寞，才能冷静地思考人生的方向，才能正确地看待自己的工作。在工作过程中，让自己品味寂寞，品味工作的价值，你会发现，自己的工作不但有很多乐趣，还更有意义。

从古至今，大凡成就伟业的人，都是孤独寂寞的。但是这种孤独寂寞是暂时的，只要耐得住，挺过去就是艳阳天。没有孤独，没有痛苦，就不会有幸福和成功。"十年窗下无人问，一举成名天下知。"

成功只属于能够忍住孤独、寂寞和不懈奋斗的人。2012 年 10 月，我国文坛最火的喜事莫过于莫言荣获 2012 年诺贝尔文学奖，莫言能成为首位获此奖的中国籍作家，的确值得庆贺和喝彩。而他的成功，就是因为他战胜了心灵的寂寞，在写作中体验到了诸多乐趣。

莫言 1955 年 2 月出生于山东高密县河崖镇大栏乡，自 1981 年在河北保定的《莲池》第 5 期上公开发表第一个短篇小说《春夜雨霏霏》始，迄今为止发表了 80 多篇短篇小说、30 部中篇小说、11 部长篇小说，出版过 5 部散文集、一套散文全集、9 部影视文学剧本，两部话剧作品。他的作品还被广泛地翻译成英语、法语、西班牙语、德语、瑞典语、俄语、日本语、韩语等十几种语言，是我国当代最有世界性知名度的作家之一。

莫言的文学创作，风格独特、语言犀利、想象狂放、叙事磅礴，在我国新时期的文学创作中独具魅力。《纽约时报》书评曾说，莫言是一位世界级作家。诺贝尔文学奖获得者、日本作家大江健三郎对莫言的文学成就很推崇，认为他的创作代表了亚洲的最高水平。

莫言和他的作品荣获了海内外诸多奖项：1987 年全国中篇小说奖、1988 年台湾联合文学奖、1996 年首届大家·红河文学奖、2001 年第二届冯牧文学奖、2001 年法国儒尔·巴泰庸外国文学奖、2002 年首届鼎钧文学奖、2004 年第二届华语文学传媒大奖·年度杰出成就奖、茅台杯·人民文学奖、法国"法兰西文化艺术骑士勋章"、2005 年第十三届意大利诺尼诺国际文学奖、2006 年日本第十七届福冈亚洲文化奖、2007 年"福星惠杯"《十月》优秀作品奖、2008 年香港浸会大学师姐华文长篇小说红楼梦奖、2011 年因长篇小说《蛙》获第八届茅盾文学奖。

他的长篇小说《酒国》出版于 1992 年。那时下海大潮汹涌，文学突然被冷落。莫言却闲居在高密家里，有充分的时间构思和斟酌这部作品，其中每一章都用"酒博士"习作小说的方法来戏仿现代文学史、政治史上的各类文体，每一篇都惟妙惟肖。小说写高院调查员丁勾儿奉命去酒国市调查"吃婴儿"事件，但他还没有真正进入酒国，就在煤矿招待所被酒国市宣传部长、矿党委书记等人劝酒灌倒了。丁勾儿的工作也还没有正式展开，就不幸地掉进粪坑淹死了。这部小说内涵丰富，对中国吃文化、酒文化有很深刻的思考，尤其对疯狂追逐新奇特食品的嗜好，描写得极其精彩。

莫言获奖后，很多人根本不知道莫言是谁。由此可见，莫言不是沽名钓誉追逐名利的人，也说明纯文学创作这条路冷清得很，莫言是甘于寂寞的作家，要知道，他的佳作《蛙》是已经获得了茅盾文学奖的，居然还没有多少人知道。

获得大奖后，狂喜之后的莫言仍很淡定，他说："高兴一个小时后，继续写作。"这么多年来，莫言就像他的名字一样，没有过多发言，默默地坚持着自己的写作工作，并力求用作品说话。

多年来，莫言一直扎根于乡土，不断从生活中汲取艺术灵感，表现富有民族特色的内容。他能坚守自己的内心，耐得住寂寞，做一个有良知的作家。他的作品不是假大空，不是一味地歌功颂德，而是立足他生活的土壤、他所熟悉的生活进行反思。莫言用寂寞的坚守证明自己对文学的信仰，张扬自己的文化使命感和责任感，尽管周围存在一些花花绿绿的诱惑，他始终淡定沉稳。正是这种平静和恬淡，这种寂寞的坚持，为他的写作提供了最充沛的精神定力和动力。

莫言成功的背后，可能有很多因素，但有一点是最重要的，那就是他在寂寞的写作中体验到了乐趣，悟出了文学的精华。这让他坚持到现在。莫言从开始创作到现在已经 31 年了，但他依然笔耕不辍。一个人若没有强大的心理素质，是难以坚持下来的。

20 世纪 90 年代，许多文人因为忍受不了写作的寂寞，纷纷下海，有的经商，有的写剧本赚钱。唯有莫言一直坚持着，让自己远离趋同和从众，成为时尚和潮流的边缘人。他坚持个性化思考，用心灵去写作。我国自古就不乏写作大家，但在现代能做到出淤泥而不染、视文学为一种纯粹精神境界的又有几人？作为这样一个作家，莫言的确值得尊重。而这恰恰是作家尊重写作服从良心的职业常态，当写作也被集体驯化过以后，常态就显得难能可贵。

正是战胜心灵寂寞的写作，才磨砺了出经久不衰的好东西。莫言的作品经得住读者的考验、受得住世界的考验、也不怕历史的考验。

现代社会，还是一个"跟风"的社会，特别是对一个选择写作的人来说，既然不"跟风"，那就得甘于寂寞。在我国的文学史上，真正具有成就和价值的作家，往往是寂寞的，屈原、曹雪芹、鲁迅、沈从文……莫不如此。甘于寂寞，坚守人文情怀，是作家最起码道德要求。

其实，不仅仅是文学需要寂寞的情怀和对本职工作的坚守，其他行业同样需要这份寂寞和坚持。成功者说,世上无难事,只要肯登攀。任何职业都具有灵性。如果我们付出足够的爱和耐心,用本真的态度和坚定的决心来对待自己所从事的职业,那么这份职业,就不会辜负我们的愿望,而是用我们期望中的佳绩回报我们。

世界上最磨炼人的就是工作,当你在今天,把和昨天一样的单调平凡的工作做得比昨天更有意义一些时,当你能心平气和地把看似枯燥、繁琐的工作做得充满乐趣时,你就从中得到了锻炼,这样才能在每天的挑战中,做到每一次都会有进步。

身在职场,我们一定要耐得住寂寞,对任何工作都不能急于求成,因为成功不可能一蹴而就,滴水穿石。不是水的力量大,而是水的目标专一,持之以恒,所以才把别人认为艰难的事情办成。职场成功也是同样的道理,我们只有兢兢业业、勤恳踏实地做好本职工作,才能成就一番事业。

第二章　耐住寂寞,在工作中磨炼,在磨炼中成长

　　物不经锻炼,终难成器;人不得切琢,终不成人。每个人的成长都需要长期艰苦的磨炼和自我修养的完善。而加快我们成长的是来自工作的磨炼,当我们在工作中忍受寂寞时,不但提高了工作能力,还锻炼了意志、磨炼了心志、开阔了眼界。可以说是每经受一次工作磨炼,我们就会得到一次全面成长的机会。

1.
耐住工作中的寂寞,需要完善自己

　　对于每个人来说,再有刺激、新鲜感的工作,时间长了都不免让人觉得厌倦,特别是当我们几年、十几年甚至于几十年做同一种工作时,更会出现疲惫期,这种疲惫表现为对工作的麻木,在心理上感到难言的寂寞。这样的表现是每个职场人所必经的阶段,也是成功者与平庸者的分水岭。

　　当成功者在工作中感觉到寂寞时,他会不断地调整自己、完善自己,尽量让自己在寂寞的工作中充实起来。因为他明白,工作是体现自己人生价值和社会价值的最佳形式,自己只有不断地在工作中完善自己,才能让自己最终脱颖而出。

　　而平庸的职业人士总是将工作视为儿戏,平时就把敷衍工作当成家常便饭,一旦到了职业的厌倦期,他会任由自己的心性,要么在寂寞的工作中不停地抱怨、埋怨公司,要么无法忍受寂寞而半途而废,最后让自己在失败面前悔恨而自责。

每个人所做的工作,都是由一件件小事构成的,所有的成功者,他们与我们都做着同样的简单的小事,时间长了和我们一样会感觉到工作的寂寞和枯燥。唯一的区别就是,他们从不认为他们所做的事是简单的小事,他们会在寂寞之余寻找自身的原因,调整自己,让自己对工作重新燃起热情。在他们看来,工作是一项最重要的人生使命,而敷衍工作就如同亵渎使命。

大凡世界上成就大事的人,都能把小事做细、做好,永远保持工作热情。因为人生中许多做得非常成功的事情,都是在热情的推动下完成的。可见,培养并保持自己的工作热情并能善始善终,是至关重要的。

工作需要用热情来支持,所以,当你发现昔日充满乐趣的工作变得索然无味时,你就该意识到问题出在了自己身上。这时要想燃起对工作的激情,就需要你耐得住寂寞,在工作中不断地完善自己。当你重拾对工作的热情时,就向成功迈进了一大步。

查尔斯·舒瓦普是美国伯利恒钢铁公司的总裁,他的钢铁公司曾经只是一家鲜为人知的小钢铁厂,却在短短5年的时间里,一跃成为世界上最大的独立钢铁厂。那么,是什么魔力使伯利恒钢铁公司得到了迅猛的发展呢?

当初,伯利恒钢铁公司在经营上面临诸多困难,几近破产。总裁查尔斯·舒瓦普心里明白,日复一日的单调的工作,别说员工已经感到了不耐烦,就连他也觉得无聊透顶。特别是当他每天坐在简陋的办公室里,处理着那些没有多少利润的工作合同时,他心里不时地会升起怅然若失的感觉,同时心里还会感到寂寞、空虚,觉得自己的工作没有任何价值。

很快,他就意识到自己这种心态,会影响到公司和员工。于是,他开始调整自己,但使用了许多办法也没能使企业有起色,越发感觉到万分苦恼了。无奈之下,舒瓦普决定求助于他在搞管理研究的朋友、美国效益专家艾维·利。

在艾维·利面前,舒瓦普承认自己懂得如何管理,但事实上结果却不尽如人意。舒瓦普对艾维·利说:"我知道我工作的问题出在什么地方,我此时应该做什么,我是清楚的。如果你能告诉我如何更好地执行计划，我会听你的，在合理的范围内价钱由你定。"

效率专家艾维·利花了20分钟听完舒瓦普焦头烂额般的倾诉后，艾维·利说可以在10分钟内给舒瓦普一样东西，这种东西能使伯利恒钢铁公司的业绩提高至少50％。

然后，他递给舒瓦普一张空白纸，说道："你对工作的这种状态，人人都会遇到，关键是要学会完善自己，让自己跟上工作的步伐。你在这张纸上写下你明天要做的6件最重要的事，然后用数字标明每件事情对于你和你公司的重要性次序。"

舒瓦普好奇地拿过那张纸后，艾维·利又说："现在把这张纸放入你的口袋。明天早上第一件事是把纸从口袋里拿出来，做第一项，不要看其他的，只看第一项。着手办第一项事情，直到把它完成为止。然后用同样的办法对待第二项、第三项……直到你下班为止。如果你只做完第一项，那也不要紧，因为你总是在做最重要的事情。你每一天都要这样做。当你对这种方法的价值深信不疑之后，要求你公司里的人也这样做，这个试验你愿意做多久就做多久。然后给我寄张支票过来，你认为值多少就给我多少钱。"

听了这个建议，舒瓦普哭笑不得，他私下里认为这个建议根本改变不了他对工作的态度，更救不了他的企业。但苦于没有摆脱困境的更好的办法，还是在企业上下认真贯彻了这个建议。刚开始，他和员工们都抱着病急乱投医的心理来做这件事。慢慢地，他们改变了对这个建议的抵触态度，并且明显感到它带来的巨大实惠，都觉得工作不再像过去那样繁琐、忙乱不堪、效率不高、没有价值了。因为他们每天来公司后，要对着纸条上写下的工作一项项来完成，根本没有时间让自己心里空虚、寂寞。

一段时间后，企业内部的一些以前看似难以克服的困难，开始慢慢被化解克服了，企业活力再现。

虽然整个咨询过程不到半小时，然而几个星期之后，舒瓦普给艾维·利寄去一张2.5万美元的支票，还有一封信。信上说从花费金钱的角度来看，这是他一生中最有价值的一课。

25

几年后,这个名不见经传的小钢铁厂伯利恒一跃成为当时世界上最大的独立钢铁厂。最让人们惊奇的是,厂子里每个员工工作的劲头高,工作能力强,才是厂子崛起的最主要的原因。

"把你每天要干的 6 件重要的事列出来,并认真完成它们。"这个看似简单的建议救活了一个濒临绝境的企业。这一管理方法被管理学界喻为"价值 2.5 万美元的时间管理方法"。

所有成功者都有一个显著的特征,就是当在工作中出现问题时,他要做的是在寂寞的工作之余静静地思考,然后寻求解决的方法。当自己实在解决不了时,会求助于别人,并且能够从别人的建议中,准确地判断出自己该怎么去做才能完善自己,做好手头的工作。

能够在工作中不断完善自我,才会让自己吸取更多的工作经验。工作能给我们无限的动力,激励我们在这个能够证明自己实力和展示个人才华的舞台上,勇往直前!

当你每天有许多事情要处理的时候,往往会手忙脚乱,不知道先做哪个后做哪个,更不知道哪个可以暂时放弃不做。到最后,该做的事情没有来得及做,却把时间浪费在一些微不足道的事情上。虽然我们也是忙了一天,但效果并不好,甚至会受到领导的批评。而领导的批评,也是我们厌倦工作的原因之一。

实际上,无论我们在生活中还是在工作中,做事情都要有技巧,先把事情分出个轻重缓急,然后按照一定的规律和顺序去完成。在所要做的事情中,要学会先做有价值的事情,做好了有价值的事情,你的心里才会有成就感,你才会对工作有信心。在工作上有了成就感和信心,你就不会对工作厌倦了,当然也不会有寂寞感了。

完善自己,需要不断的反思,需要持续的努力,需要坚强的毅力,需要认真的品格。真正的成功者会依主次顺序来安排自己的生活。他们每天都会把自己当天要做的事全部列出来,并按照紧急程度和重要程度排列顺序。

1. 在工作当中,用自己最主要的时间和最主要的精力来做最重要且紧急的事,如影响实现人生目标和工作进度的关键事情,或与自己工作生活息息相关的事情,只有快速高效地完成这些事情,才能顺利地进行下一步骤。

2. 把重要的事情做好后，再做重要但不紧急的事，比如过几天要交的会议方案、工作报告等，由于不太着急，可以先列个提纲，没事时就在上面一项项地填。

3. 最后再做既不紧急又不重要的事情，如在工作中毫无目的地与客户上网聊天、浏览新闻等，这种事情既浪费大量宝贵的时间，又消磨人的意志。

4. 把零碎的时间分配给一些次要但必须做的事，如果都做完了还有时间的话，再做那些当天可做可不做的事情。

真正的成功者，在工作上是管理事情而非管理时间。确定什么是你生活、工作中最重要的，把它们写在纸上、记在心上，并要坚持每天这样做。若能养成每天列出"当日必须完成的 4 件最重要的工作"的习惯，你的每一天将更有收获。

2.

不妨把工作中暂时的落寞当成一次小憩

有时候，我们在工作中的孤独寂寞，是一种沉思或是反省，但绝对不是空虚、无聊，这种寂寞能培养我们对工作的热情和对事业的专注。而空虚、无聊只能让人堕落。在孤独寂寞中不断沉思、反省，不断地完善自我、充实自我、加强自我，那样便会使自己逐渐成熟而稳重。知识得到积累，思想得到升华，素质得到提高，人生也将到达另一种境界。

孤独寂寞是我们工作中不可缺少的调味品，它造就了完美的人生。而能在孤独寂寞中完成使命的人一定是伟人。只有领略了孤独寂寞并用自己的力量战胜孤独寂寞后，你才会发现孤独寂寞带给了你觉悟和智慧，是它在激励着你前行。

在工作中感受孤独寂寞，在寂寞中寻找真实的自我，让自己斟满孤独酒，在孤独和寂寞中咀嚼成败，总结经验，踏平坎坷路，实现凌云志。可以说，孤独孕育伟大，寂寞孕育成功！

　　提到杨澜，很多人都不陌生吧，这位幸福的女人，靠着自己的智慧，在事业和家庭上都取得了成功：在事业上，她具有以下身份：资深传媒人士，阳光媒体投资集团创始人，阳光文化基金会董事局主席，2008 年胡润慈善榜第六名，被选入英国《大英百科全书世界名人录》，著有散文集《凭海临风》，销量超过 50 万册。这些辉煌，就像一个个小亮点，聚焦在杨澜身上，使得她光芒万丈；在家庭中，她是丈夫的贤妻，两个儿子的好母亲。

　　在很多人眼里，杨澜的成功让人吃惊，一切都完美得无懈可击。但是杨澜却说，她的人生才刚刚开幕。

　　当年，在央视主持《正大综艺》的金牌主持人杨澜在事业如日中天的时候，毅然离开中央电视台，出国留学。许多人对此疑惑不解。在很多人的心目中，中央电视台是个不可多得的舞台，然而，杨澜却急流勇退，选择了到国外留学，是什么原因让她做出了这样的选择呢？

　　1990 年，杨澜从北京外国语大学毕业的时候，《正大综艺》在全国范围内招聘主持人。她以其自然清新的风格、镇定大方的台风及出众的才气逐渐脱颖而出。但是，由于她长得不是太漂亮，在第六次试镜时还只是在"被考虑范围之列"。

　　杨澜知道后，就反问导演："为什么非得只找一个漂亮女主持人，是不是一出场就是给男主持人做陪衬的？其实女性也可以很有头脑，所以如果能够有这个机会的话，自己就希望做一个聪明的主持人。""我不是很漂亮，但我很有气质。"就是因为杨澜这些话，彻底打动了导演，让她从央视 1000 多人中脱颖而出的。毕业后，杨澜正式成为《正大综艺》的节目主持人。

　　1994 年，当人们还惊叹于红遍中国的杨澜在主持方面的成就时，她做出了一个令人惊讶的决定：她辞去央视的工作，去美国留学。许多人都不明白她为什么这么做，家人、朋友都劝她不要轻易放弃自己的工作,但没有一个人能劝动她。

　　原来,她在工作之余,总是感到一种说不出的落寞,觉得自己如果安于眼前的工作成就,就很难有更高的突破。假如自己一直沿着这个路线主持节目,时间长了,观众可能会出现"审美疲劳"。要想继续做自己深爱的媒体工作,就得在工作上有新的突破,就得远离繁华的舞台用知识来提升自己。

　　就这样,26岁的时候,杨澜告别家人和心爱的舞台,依依不舍地远赴美国哥伦比亚大学,就读国际传媒专业。在异国他乡的求学,让她过了一段比想象中还要寂寞、艰苦的生活。正是在这段孤独寂寞的生活中,让杨澜有时间给心灵放个假,她一边努力学习专业知识,一边用心地思考未来的工作怎么做。

　　多年后,杨澜在提到那段寂寞的留学日子时,她说,那段日子给自己带来的收获要远远比磨难多。它不但让自己的视野开阔了许多,还让自己亲身接触到了许多成功的传媒人和先进的传媒理念。

　　当时,她利用业余的学习时间,与上海东方电视台联合制作了《杨澜视线》,一个关于美国政治、经济、社会和文化的专题节目,这是杨澜第一次以独立的眼光看世界。她同时担当策划、制片、撰稿和主持的角色,实现了自己从最底层"垒砖头"的想法。40集的《杨澜视线》发行到国内52个省市电视台,杨澜借此实现了从一个娱乐节目主持人向复合型传媒人才的过渡。

　　留学期间,杨澜为自己拓展了人际关系网络和事业空间,她总是鼓励自己尝试新的东西:宁可在尝试中失败,也不能在保守中成功! 正是这种理念,使得杨澜未来的道路越走越宽。从哥伦比亚大学毕业后,杨澜回国发展,多年来一直活跃在我们的视野中。

　　杨澜选择在工作辉煌时离开央视,并不是她耐不住工作的寂寞,而是她把工作中暂时的落寞当成了一次小憩,让自己在这一小段休息时间里,一边学习,一边为将来更好地工作做准备。

　　寂寞是人性中回归自然的一种本性。我们的一生终将与寂寞为伴,喧闹过后的寂寞,是一种心境。寂寞只是一种感觉,只是不同的人有不同的感受。寂寞折磨人,也成就人,寂寞让人远离嘈杂,找回心灵的寄放。但寂寞有时也会让人迷失自己,能守住寂寞的人一定是大智者,所以不能说寂寞不好,想成就大事者,必先能耐得住寂寞。寂寞是远离人群另一种人性中真我的回归,能承受与忍耐的人必是成大事的人。

忍受孤独寂寞是成功者的必走之路,从某种意义上来说,这是获得成功不可缺少的一个因素。雅虎联合创始人兼 CEO 的杨致远说:"创业是孤独寂寞的,要用左手温暖右手。"担任雅虎 CEO 是一项非常"寂寞"的工作,杨致远经常被迫做出两难的决定。

忍受孤独寂寞是一种能力,这种能力是成功者所必须具备的,它会成为推动你前进的动力。每个成功人士在未取得成功之前都是孤独寂寞的,一个人奋斗,一个人承受,即使有人在你身边,要想真正成功,主要还是靠自己。

在职场上,耐得住孤独寂寞就是一片艳阳天,耐不住就是乌云罩顶。我们如果想取得最后的胜利,就需要花精力学习,下工夫研究。学习和研究的过程是非常孤独寂寞的,只有耐得住这一点,才能学有所成。

寂寞是无奈的,它只属于你个人,你用自己明净慧心去感受尘事,在这个过程中你可以独享心灵的宁静和升华,体悟生活中一份精致与淡雅,在寂寞中感受心灵的成熟与蜕变。有人说,寂寞是一种享受,会享受寂寞的人一定是有智慧的人,他知道什么时候该沉寂下来休憩自己的灵魂。一个寂寞的人并一定能成功,但是一个成功的人一定是耐得住寂寞的人。寂寞很美丽,风景的秀丽,只有懂欣赏它的人才会去进入。寂寞是心灵的归处、灵魂的居所,只有成熟的人才会体悟寂寞的真滋味,才能在寂寞中去参悟人生的意义。

人在职场,如果总是一味地追随名利、追逐繁华热闹,而逃避孤独和寂寞,不注重精神追求只注重物质享受,那么注定这一生会无所作为。如果你在旅途中能抵挡诱惑、抵御干扰,让自己的心灵在喧闹中保持一份宁静,并能默默无闻地付出,无私奉献,针对一件事情能全身心地投入,这样坚持下去,你的与众不同必将成就你的事业,带你步入成功者的行列。

越热闹的人最后一定是平庸之人,越感到寂寞的人最后一定是成功之人。"梅兰芳所有一切的成就都是从他那一份孤独中来的,谁要是打破了这种孤独，谁就毁掉了梅兰芳。"这是陈凯歌执导的《梅兰芳》里面出现的一句经典台词，这句话启发了很多人。成功者都是在寂寞孤独中诞生的，如果你的生活永远太热闹，聊天、喝酒、逛街、看电视，你永远得不到安宁，也就没有寂寞的时候，那你的心永远无法静下来去感悟生命、去想想工作，你永远只会是一个平庸之人。

珍视你工作中那种寂寞的心绪，好好在这种寂寞中对心灵做一次洗礼，反省自己，从中领悟工作到的真谛，在工作中寻找到提升自己的方法，当你相信自己一定会在工作中有新的突破时，那么你就离成功不远了。

3.

忍住寂寞，培养自己坚韧不拔的意志

有一个名人说，成功就是比耐力、比定力的竞争场所。我们要想取得成功，必须先做一个耐得住孤独和寂寞的精神领袖。做到这一点了，你就会成为真正的成功者。

工作是一件快乐的事。它不会让时间这样一分一秒地浪费掉，因为有事情要做，你会珍惜每分每秒，全身心地投入到工作中。上班忙碌的生活是一种幸福，让我们没时间体会痛苦；工作是为生活奔波，奔波是一种快乐，让我们能够感受到生活的真实；疲惫是一种享受，让我们无暇空虚。我们要热爱工作，认真地工作。你会发现，原来工作可以抑制悲伤，或者工作能够隐藏伤感。工作的时候不会想家想别人想事情，什么都不会想。

在职场的跑道上，不要因为眼前的蝇头小利而沾沾自喜，应该将自己的目光放长远，只有取得了最后的胜利才是最成功的人生。

我们想要得到工作的快乐就必须具备承受痛苦和挫折的能力。这是对人的一种磨炼，也是一个人成长无法避免的磨难。我们都希望自己能生活在顺境里，少一些困难，多一些成就。可是，生活总不能尽如人意，常常报以失意和不满。当我们遭遇挫折时,往往会感到失落迷茫,缺乏安全感,难以安下心来,工作自然会受到影响。这个时候我们就必须理清头绪,再接再厉,锲而不舍。既然你的目标不变,而现阶段的努力又无法实现自己的愿景,那就加倍努力。

爱迪生说:"伟大人物的明显标记,就是他的坚强意志。"苏轼曾讲:"古之成大事者,不惟有超世之才,亦必有坚韧之志。"要想让自己成为职场中优秀的人才,就必须具备坚强的意志、顽强的毅力、刚强的品格等心理素质。

培养自己坚韧不拔的意志积极争取、创造机遇,敢于面对失败和挫折。只有在工作实践中经受锻炼,努力培养自己坚韧不拔、不怕困难的意志和吃苦耐劳、顽强拼搏的精神,以创新的意识、创新的思路、创新的精神并创造性地开展工作,才能创造出新的业绩,取得新的成就。

　　陈天桥在 19 岁那年提前从复旦大学经济系毕业,进入了上海陆家嘴集团。年轻的陈天桥万万没有料到,他的第一份工作竟是每天在一个小房间里放映有关集团情况介绍的录像片,一放居然就放了 10 个月。

　　10 个月里,陈天桥根本无法在简单的放映工作中施展他的才智和抱负……他第一次体验了人生巨大的落差。但是陈天桥很快就意识到:寂寞也是磨炼意志的绝佳机会。在这段对于常人而言枯燥漫长的磨合期,陈天桥沉下心来大量阅读管理书籍,也因此形成了其日后独特的管理风格的基础。

　　在结束了 10 个月的放映员生涯之后,恰逢集团下属的一家企业有干部挂职锻炼的机会,勤勉的陈天桥得到了这个工作机会。在挂职锻炼期间,他跟当地农民工们打成一片。陈天桥运用这 10 个月的积累,陆续推行了一系列卓有成效的改革措施,并逐渐形成了自己独特的战术和管理风格。

　　陈天桥的成功就如同他代理的游戏一样,是一个"传奇"。对于当年的两次磨炼,陈天桥非常庆幸自己能够坚持,而且恰恰是在最痛苦甚至想要放弃的时候得到领导认可,才让他获得了调整个人职业生涯并借此发展的机会。

　　10 个月的放映员工作，每天给客户播放宣传片，工作可谓枯燥无味，充满无限寂寞和孤独。但陈天桥没有消沉，而是耐住了孤独寂寞，坚持了下来，并利用这段机会学习管理知识，这使他后来获得集团公司董事长秘书一职，工作不再无聊而是富有挑战性、多彩性，最终让他成就了现在的辉煌事业。由此可见，寂寞也是机会，我们要学会发现它并且把握住。

　　盛大总裁陈天桥的成功经历，印证了他说的那句名言"人要首先耐得住寂寞，又要耐不住寂寞"。

　　其实成功者就是生活中的寂寞者。被国人尊誉为"中国导弹之父"的钱学森是我国航天奠基人，据他儿子透露，钱学森从来不看电视，甚至以看电视为耻，认为看电视就是在浪费生命。这是钱学森早年在美国任教时养成的习惯，那里的教授为了工作和学习多少年从不看电视。即使他在家颐养天年的那几年，也从来不看电视，每天浏览《人民日报》《解放日报》。

　　香港大导演王晶工作之余主要是在写剧本，中国近代史学者、作家兼大师李敖从不用电脑……从来不看电视的科学家是如何度过一生的？著名的导演工作之余为什么就是写剧本？不用电脑的作家兼大师怎么与外界交流？唯一的答案就是他们经得起孤独寂寞。

　　人人都想摘取胜利的果实，都想工作出色、事业成功、学问渊博，但必须忍住精彩电视剧的诱惑，忍住用电脑娱乐的快乐。有的人可能会说能忍住，但如果让你长期坚持，你能忍得住吗？当家人在一边看着精彩的电视，朋友在一边用电脑聊天时，你能保证坚守得住吗？如果你真能做到，并且坚持下来，那么下一个成功者就是你。

　　面对竞争激烈的社会，你要想不落下，不挨打，必须先起跑，努力跑在别人的前面。笨鸟先飞、笨鸭先行就是这个道理。努力就得挤时间，时间是海绵里的水，挤挤就会有的。生活中挤时间，工作之余挤时间，少看电视，少玩电脑，少参加一些娱乐活动，或许你会感到孤独寂寞，但明天成功了你就会庆幸自己的选择是正确的。

　　那些所谓的电视剧、聊天、娱乐只不过是暂时缓解压力、放松心情的一种方式，只有成功才能给自己带来真正的永久的快乐。正如陈天桥所说，"人要首先耐得住寂寞，又要耐不住寂寞"，想成功必须先耐得住孤独寂寞，只有这样才有资本耐不住寂寞。

　　不管在哪个行业，都有其出类拔萃的人才，因此不管在哪种行业中，只要你耐得住寂寞，勤奋上进，你都会做得很好，正如那句话："选择一个行业，坚持做十年，你就是这个行业的精英。"这句话说得很有道理，只要你在一个行业里坚持不懈，在别人举棋不定、频繁跳槽时，你仍然在自己的行业中坚持努力，你一定会成为这个行业中的佼佼者。要知道一个人丰富的工作经验是宝贵的财富！

　　人生之路漫长，不如意事十之八九，一生中肯定要遇到很多挫折，包括工作中的失败、别人的打击等。积极对待这些挫折，化不利为有利，尽快从这些困境中摆脱出来，对一个人的成长进步，对事业的成功有很大影响，这也能体现一个人坚强的意志。真正的成功者，能够正确地看待失败，他们会从失败中找出自己与别人的差距，吸取教训、韬光养晦，以求最终的成功。

4.

踏实认真，在工作中激发自我能量

　　每个人身上都有正能量和负能量。英国著名心理学专家怀斯曼对"正能量"一词这样定义："一切予人向上和希望、促使人不断追求、让生活变得圆满幸福的动力和感情。"

　　其实，我们身边那些乐观、健康、积极的人所拥有的就是正能量，而悲观、虚弱、绝望的人刚好相反。美国总统林肯在大半生的奋斗和进取中，有 9 次失败，只有 3 次成功，而第三次成功就是当选为美国第十六届总统。生活中，每个人都难免要遇到挫折和失败，但林肯在面对失败时并没有退却，而是充满信心地向命运挑战，最终他成功了。显然，他的身上就体现了一股"正能量"。

对于一个职场人来说,"正能量"的表现就是以积极的眼光来看待自己的工作,无论自己是否喜欢目前的工作,只要你选择了它,就得踏实认真地做好它,这样你才能在工作中激发自我能量,为自己以后灿烂的职场生涯奠定基础。

任何工作,只要你认真踏实地去做,就一定会做好,即使你在短时间内没有获得你想要的成就,但它却为你以后的工作创造了机会。因为当你把认真踏实的工作当成自己的习惯时,你就拥有了一种正能量。无论你做什么,这种正能量都会助你一臂之力的。

有很多成功人士的成功,都是在经历了一番挫折后获得的。在每一次挫折中,他们要么会利用挫折激发自己的能量,最终成就自己,要么会从挫折那里收获一种正能量,让自己变得强大起来。这样的人,获得成功是早晚的事情。原花旗集团董事会主席和CEO桑迪·韦尔,就是利用工作来激发自我能量的。

揣着自由艺术学位的桑迪大学毕业后要找一份金融圈的工作,但这个圈子只欢迎那些出身好、有钱、衣冠楚楚、人缘好的人才,这几个条件,桑迪一个都不具备。不过,他没有放弃,几经努力,一家华尔街颇有影响力叫贝尔斯登的经纪公司录用了他。

他来到公司后,才得知自己的工作是跑腿,就是每天把证券凭证交付给其他公司。他接受了这份工作,每月工资才150美元。但他在股票经纪公司工作并不顺利,他羞于主动给客户打电话,拉的客户都是亲戚,第一位客户是他的母亲。

由于当时的股票市场不景气,他的业绩也不怎么好。但是,桑迪对工作非常认真、踏实,在他做跑腿工的时候,他就认为股票经纪是一个非常迷人的行业。他每天利用后台上班打杂的空闲时间自学业务,恳求公司领导让自己尝试参加经纪人资格的必修课考试。白天努力跑腿,晚上备考经纪人执照,他是自我奋斗成功人士的典型。另外,桑迪的学习能力很强,也非常能吃苦,特别是他对工作非常认真。

虽然薪水不高,但他从这份工作中发现,自己还有演讲的天才。于是,他从起初不敢给陌生人打电话拉业务,到最后成为热情洋溢、极富煽动力的世界级 CEO、演说家。这都说明了这份工作激发了他的内在能量,给他以后的职业生涯带来了更好的发展。

从跑腿工做到 CEO,桑迪·韦尔的职场生涯可谓是充满坎坷。他进入与专业完全无关的金融行业工作,陌生的工作内容、羞涩的性格都成为他职场道路上的阻碍。但是桑迪·韦尔并没有嫌弃他第一份卑微的工作,反而找到了以后的发展目标。正是踏实认真地工作,让桑迪·韦尔的能量激发了出来。如果他当初对自己踏入职场的第一份工作,因为不喜欢而放弃,或者即使接受了也不认真去做,他就不会发现自己所具备的才能,更不会在此次工作中锻炼自己的口才。

认真踏实地对待工作,会让你用积极的负责态度来践行,同时还能让你的自我潜能得到最大限度地发挥。

认真踏实地工作,是工作的动力源泉,这时你会发现自己在不知不觉中比往常出色很多倍,并且还能在平凡单调的工作中发现很多乐趣,最重要的是自信心还会得到提升,因为你会做得越来越好。

无论是什么工作,我们既然选择了就要认真地对待它,因为认真地工作能够激发你工作的激情,发现生活的乐趣、工作的美妙。当你尝试着踏踏实实地工作的时候,你的生活也会因此改变很多,你的工作也会出现一个崭新的局面。

在工作中,我们每天都要"一日三省吾身",这样不但能及时地改正自己的不足和缺点,还能发现自己的长处和优点。因为我们的体内居住着一个巨人。当我们总是反省自己的缺点来换取积极进取的动力和能量时,也会深刻而又科学地发现那些被忽视、被隐藏或者被遗忘的优势和才能,事半功倍地完善自己的人生。

现实中你可能很渺小、很平庸,也可能很美好、很杰出,其实这在很大程度上取决于你的自我意识究竟如何,取决于你是否能够拥有真正的自信,能否真正认识到自身的潜能。尼采曾说:"聪明的人只要能认识自己,便什么也不会失去。"一个人在自己的生活境遇中,在自己所处的社会经历中,能否真正地认识自我、肯定自我,能否正确地塑造自我形象、把握自我发展的方向，是选择积极的自我意识还是选择消极的自我意识，都将在很大程度上影响甚至决定着一个人的前程与命运。

事实上，每个人都有巨大的潜能，每个人都有自己独特的个性和优势，每个人都可以选择自己的目标，并通过不懈的努力去争取、实现属于自己的成功。认识自我，是我们每个人挖掘潜能的基础与依据。哪怕你遇事不顺，身处逆境，但只要你赖以自信的巨大潜能和独特个性及优势依然存在，你就可以坚信：我能行，我能成功！请记住，认识自我，你就会是一座金矿，你就一定能够在自己的人生中展现出自己应有的风采。因此认识自我这一过程，同时也是发掘出自己体内的那个"巨人"，最终让自己在现实中也变得巨大，达到自我实现的过程。

大文豪苏轼写道："不识庐山真面目，只缘身在此山中。"认识自己有时候的确比较难，只有通过做好某一项工作，我们的能量才会被激发出来。下面这四种心态，能让你在工作中激发自我能量。

1.正面思考。思考方式能强烈左右一个人的心态，也就是说，你可以透过改变思考方式来转换心态。举例来说，被指派一项任务时，刚开始非常担忧恐惧，但一旦接受，相信这是最好的安排，就能较快摆脱担忧的情绪。赢家有开阔的心态，接受新思维，以不同角度思考。在工作上，好像肩膀上站了个天使，不断在耳边轻声鼓励自己，告诉自己办得到，催促自己采取行动，抓住机会。正面思考带来的成功经验愈多，愈能让你相信正面思考的力量。

2.建立信心。自信心犹如跷跷板两端的平衡点，一端承载着累积的成功经验，另一端则是负面经验。如果跷跷板在负面经验端已负荷过重，正面经验发挥的力量也相对有限。简单地说，你需要在正面经验端上增加重量，才能在负面经验出现时，抵消带来的不良影响，不让跷跷板往负面端倾斜。不论是创造还是维持正面经验端的重量，都不简单。你必须在生活中多多运用制胜行为法则：有效降低或消弭失败的感受与经验；有效增进或加强成功的感受与经验；顺利达成以上目标时，请记得给自己奖励，并且不放任自己在负面的情绪中打滚。

3.聪明面对压力。有时候，领导人在面对毕生最重大的案子时，会突然心生恐惧；网球选手一决胜负的最后一分钟，反而莫名其妙的失手，压力就是这么会跟我们开玩笑。当你面临巨大压力时请不要忘记：赞扬自己。同时,想办法认清自己的天分和能力,复制成功;让自己喘口气。请大口深呼吸,重整自己。想想下一步,如何让时间发挥最大效益;让自己拥有掌控感;给自己最好的机会。尽可能做好准备与练习,尽力掌控变量,降低风险。

4.善用时间。为了成功,必须"避免自找麻烦",低下的时间管理就是一种自找麻烦。以下是让自己做事更有规划的方法:

(1)以 30 分钟为单位。不要以半天为单位划分工作时间表,这只会让你很快就开始偷懒。时间单位应被切割得更细,且定期变换。如果 30 分钟的时间单位不恰当,你可以改成 1 小时为单位(如工作 55 分钟,休息 5 分钟)。但这应是最久的时间单位了。研究显示,成年人的专注力平均能维持 30～40 分钟。分割出时间区块,不但可避免无聊感,工作也能持续高效地进行。

(2)制定可量化的目标。订出方便管理、可量化的目标。事情一旦完成即可打勾,看到很多事项完成,会比只看到一两项事情完成更让人满足。

(3)用 20％的力气争取 80％的收获。请先完成 80％的工作,再以 20％的力气将工作精练至完美。

(4)预留弹性。为每项计划预留弹性,才能预防临时变动。

(5)给自己奖赏。一旦完成清单上的目标,就奖赏自己吧。依照完成的工作规模,决定奖赏程度以及放松时间的长短。但只能在工作完成后获得奖赏。

5.

积极主动,用行动超越老板的期待

机会稍纵即逝,谁先迈出第一步,谁就会先得到机会,并拿到成功的桂冠。商场中，商人竞争只有积极主动，才能把握转瞬即逝的商机，赚得财富；生活中，我们只有积极主动，才能抓住稍纵即逝的机会；职场中，更需要积极主动，才能不错过任何升迁的机遇，赢得成功。

在职场，我们常常会看到，有的人总是一帆风顺，理所当然地升职、加薪，从普通到优秀再到卓越，薪金越来越多，职位越来越高，事业越做越大，直达事业的顶峰；而有的人却一直停滞不前，几十年如一日，没有任何起色。其中的关键正在于：是否积极主动。

　　杨利在一家商场工作时，一直自我感觉很好。因为他总能很快做完老板布置的任务。一天，老板让杨利把顾客的购物款记录下来，他很快就做完了，然后就与别的同事闲聊。这时老板走了过来，扫视一下周围后看了一眼杨利。接下来老板一语不发地开始整理那批已经订出的货物，然后又把柜台和购物车清理干净，才离开。

　　这件事深深震动了杨利，他瞬间发现自己一直以来是多么的愚蠢，他明白了一个人不仅要做好本职工作，还应该积极主动地再多做一些，哪怕老板没要求你这么做。这一观念的改变，让杨利发现工作变得这么有趣，每天的工作时间排得满满的，一天下来，他觉得充实极了。

　　杨利在努力工作中学到了更多的东西，工作能力突飞猛进，后来老板再来视察工作时，居然面临着无事可做了。因为所有的事情，都被杨利抢了先。最终杨利荣升公司的副总。

杨利的故事有力地说明了主动工作对于我们的重要意义。积极主动，不仅是工作成功的关键秘诀，也是优秀和卓越的不二法门。要取得工作的成功，就需要自己的积极主动；要获得职场的成功，就需要首先做一名积极主动的员工。

阿尔伯特·哈伯德曾说："世界会给你以厚报，既有金钱也有荣誉，只要你具备这样一种品质，那就是主动。"所以，我们要想在职场有所成就，就要先从做一名积极主动的员工开始做起。

积极主动的核心是不要只做领导告知你的事，而是做你必须要做的事。你要明白：你其实是在为自己工作。没错，你的薪水是公司发的，工作努力的程度决定你工资的绩效。你的工作质量，决定你的生活质量。要怎么做控制在你的手中，能否积极主动地工作完全取决于你。积极主动还表现在一名优秀的员工，会把单位当做自己的家，主动发表自己的意见和看法，把单位的事情当做自己的事情来办。在传统的观念中，我们更容易接受沉默的工作态度。沉默是金，在工作中，沉默可避免许多不必要的麻烦。但是，我们的工作要求我们必须主动。只有积极主动地向领导建议好的工作方法，使领导采纳，促进工作的进一步开展，才能不断地获得上进的机会，才能不断地超越别人。

做一名积极主动的员工，就要主动服从、完美执行；主动负责、坚守自己的职责和使命；主动付出，不在乎多做一点；还要主动节俭、追求高效；更要主动合作，敢于竞争，把团队的利益放在首位，一切以团队利益为重，但绝不是不竞争、不发展，而是主动竞争，积极进取，不断前进，不断超越自己也超越平凡，这才是真正的积极主动。

积极主动，是源自内心的一种激情，引领我们满怀热忱地去竞争、去努力、去奋斗；积极主动，是出于心灵的一种态度，激发我们自信、勤奋、努力和负责地去对待生命中的一切；积极主动，也是激发我们潜能的动力之源，它使我们主动思考、积极行动、勇于进取、一往无前、绝不后退。积极主动如同人生的太阳，光芒所及，动力永存，引领我们克服一个又一个困难，抵达一个又一个成功的峰顶，并且一直向着更远的目标、更高的山峰不断攀登，不断超越，不断奋进！

做一名积极主动的员工吧！这会让你在工作时自觉自愿。当你积极主动地去奋发努力时，你会发现，你的业绩一路飙升，你的地位不断提高。老板对你的信任和青睐，同事对你的尊重和敬仰，客户对你的支持和赞赏，生活对你的回赠和奖赏，不约而来，而成功就在他们背后，正向你款款走来。

一旦在工作上采取了积极、主动，就不会把"要我做"当做工作的前提，而是要积极主动地发扬率先的精神，把"要我做"变成"我要做"。只有这样，你的工作才不会变得枯燥无味，你才会取得更加非凡的业绩。

我们要想成为一名真正的优秀员工，除了靠"我要做"的这种思想外，还需要在不用别人提醒的前提下，出色地完成工作。这才叫优秀，这才叫高效。

因此，作为一个企业人，要想做到优秀，你还需做到一点——积极主动。而这种"积极主动"需要灌注于你工作的点滴之中。可以从以下几个方面入手来做。

主动熟悉公司的一切。熟悉公司的一切是做好工作的基础。它主要包括公司文化、使命、组织结构、销售方式、经营方针、工作作风、当前领导要抓的重大问题……主动使自己像老板一样了解所在的公司，可让你在今后的工作中采取的行动更准确，效果更出色。

1. 不等待命令。如果你习惯于"等待命令"，就会从思想上缺乏工作积极性而降低工作效率；其次，你还会养成"有所为而为"的工作态度，或者只做你喜欢的工作。一个人一旦被这些不良思想左右，任何时候他都很难要求自己主动去做事。即使是被交代甚至是一再交代的工作，他也会想方设法去拖延、敷衍。事实表明，"等待命令"是对自己潜能的"画地为牢"，从一开始就注定了平庸的结局。

2. 工作时不要闲下来。工作中不让自己闲下来，主动找点事做，你就能更加完善自己，在工作中提高自己的工作能力。优秀的员工每当完成一项工作时，总去对照上级下达的目标，问自己是否所有的目标都已达到？有什么项目需要加上去？还需要向别人学习什么，以使自己的工作能力得到提高和充实？总之在任何闲暇的时候主动处之，你就能争取到更多的机会，不断提高自己的经验和能力。

3. 主动做分外的事。一个优秀的工作者所表现出来的主动性，不仅仅是能坚持自己的想法或目标，并主动完成它，还应该主动承担自己工作以外的责任。

4. 主动提建议。也许在公司，你的上级或同事的某种处理事务的方式的效率不高，而他本人并未察觉或不知如何改进。这时，如果你有好的主意，就应该主动地提出来。主动提出合理化的建议，不但可以为你赢得好人缘，更有利于你与同事的合作，提高工作效率，进而推动整个组织绩效的提高。要做到这一点，你必须主动了解和学习公司经营管理流程，主动关注身边的人和事，特别是重复出现的问题，因为你可能就是问题创造者之一，你是最清楚的，但你也是最无奈的，因为你的思维是固化的，只要你改变，力量就会伴随着你出现，能力就会体现在你身上，财富及荣誉都将降临到你的生活里。

　　要想让自己成为一名优秀的员工,就必须具备积极主动的品质,具备一种积极主动的思维方式及行为习惯。只有时时处处表现出你的主动性,你才能在工作上真正做到主动工作,才能获得机会的眷顾,并最终取得卓越成就。

第三章　耐住寂寞,在工作中享受幸福生活

工作是生活最重要的组成部分,是我们生存的"饭碗",是成就事业的根本,是人生价值的体现,也是生活幸福之所在。耐得住工作寂寞既是一种职业品质,又能让我们真正做到心态平衡。人在职场,只有经受住成功和失败的各种考验,才能在工作中享受幸福生活。

1.

工作与幸福紧密相连,有工作才有好生活

工作与幸福紧密相连,工作不是生活的手段,而是生活的有机组成部分。由于工作占据了每个人生命中的大部分时间,因此,工作质量决定了我们的生活质量,工作的快乐指数直接决定了我们生活的幸福指数。

工作时间是人生中创造力最强、人生价值最得以突出体现的过程,而幸福就在"提升自己的生存价值与实现自己的生存价值"的审美历程中得到实现。我们要成为一个幸福的人,应该着重从以下三个方面来做。

1. 在工作中重视目标定位,因为当自我定位与实现之间产生较大的落差时,幸福就无从获得。

2. 在工作中重专用发展,因为拥有良好的知识结构,并不断完善自己的工作技艺,提升自己的工作能力才能在工作中游刃有余,创造性地工作,体验到工作的幸福。

3. 在工作中重境界提升,首先拥有积极的自我观念,能容纳自己、体

43

验自己存在的价值,能恰当认同他人,善于和他人愉快合作,能面对和接受现实。当有了良好的心理素质和良好的职业道德时,压力就会变为动力,在逆境中就能保持乐观,积极进取。当有了幸福的能力,工作就会干得有滋有味,干得有新意,干得有效果,干得有幸福感,我们就能快乐工作,幸福生活!

追求幸福是每一个人的终极目标,享受幸福是每一个人的神圣权利,创造幸福是每一个人义不容辞的责任。追求幸福的权利,是人诸多权利中最基本又最普遍的权利。对幸福的追求是人们从心灵深处发出的呼唤,我们在成就工作的同时,也追求自我的锻炼、成长和欢乐,在实现自我发展的同时,也收获了进步和成就。因此,我们只有充满激情和渴望地面对工作,投入到工作中去,多进行创造性的工作,才能让自己获得高质量的幸福生活。

知名的演员海清被认为是当今最成功的事业女性之一,2012 年的福布斯中国名人榜依旧将全国各地的明星纳入评选之列,其中榜单前 100 名中,女性占据了 45 席,内地知名女演员海清也首次荣登榜单,力压小 S、刘嘉玲等人气明星,挤进前 50 位,表现出强劲的人气知名度。入选理由为"定位媳妇形象大获成功,跃升'电视剧一姐'"。而她也是单纯凭借"电视剧演员"身份登上榜单的第一位女艺人。

福布斯中国名人榜量化反映了明星以收入和曝光率为基础的个人影响力,同时也是明星人气和商业价值的最直接体现。因此,登上该榜单的明星艺人也成为众多广告商青睐的首选。榜单上的人气直接体现在名人的商业价值上。以海清为例,在 2011 年第一个季度中,海清身上就接下包括生活用品、装修洁具等在内的多个广告代言,其中还包括北京温暖基金形象代言和中国红十字总会形象代言两个公益性代言。

福布斯中国名人榜除了对上榜人员名气和收入的肯定,也从另一个侧面印证了他们的事业发展程度。在 2012 年的福布斯中国名人榜榜单中,以海清、赵薇、李静等为代表的"辣妈族"占据了相当一部分席位。她们虽然从事的行业各有不同,但是却都拥有幸福稳定的家庭和健康良好的形象，从不靠绯闻炒作上位；在演艺事业上的成绩有目共睹，而且大都热衷于公益事业。她们在事业和家庭上的双重成功打破了女性牺牲家庭成就事业的陈旧观念，也给那些靠绯闻上位的艺人树立了榜样，成为令圈里圈外女性"羡慕嫉妒恨"的成功女性新典范。

值得一提的是，在福布斯统计的收入和曝光率（电视、杂志、报纸、网络）等多项指标中，海清在电视和杂志中的曝光率最高，挤进前三。这也意味着，海清健康良好的公众形象使得她在家庭电视观众群和高端杂志读者人群中具有相当高的人气。

我们要想拥有幸福生活，就得像海清那样，在工作与家庭之间寻找适合自我的发展空间，要做到有事业也要承担家庭责任。要学会在不同的场合，或是不同的阶段对特定的角色有所偏重，绝不能因为自己有足够的能力在事业上打造出自己的一块天空，而忽略所必须承担的另一半的责任。只要能合理安排自己的生活节奏，就能适当平衡工作与家庭的关系。

有人说：世界上最幸福的人，就是和自己喜欢的人在一起，做自己喜欢的事情。对工作而言，这个自己喜欢的人，就是你所在公司的团队。这件自己喜欢的事，就是你所从事的工作。从这个意义上说，享受工作乐趣与享受幸福生活是同样重要的。因为工作是生活最重要的组成部分，是人们生存的"饭碗"，也是成就事业的根本。

在工作当中，我们要遵守"家庭服从事业，事业上的成就可以使家庭生活更幸福"的原则。每一个职场人士，千万不能为了照顾家庭而牺牲自己的事业前途，更不能因为打拼事业而放弃家庭，只有把快乐工作和幸福生活紧密地联系在一起，才能获得真正的幸福。在工作上，积极进取，享受工作带给自己的快乐；在生活中，主动承担起繁重的家务劳动，肩负起照顾家人和孩子的担子，享受家庭带给自己的别样幸福。

职场是人生的主战场，在这战场之上，谁都不能幸免于难！而只有那些不安于现状、勇于超越自我的人，才能得到命运的垂青，才能在职场上立于不败之地。

一份好工作，可以实现自己的人生梦想；一份好工作，可以建立美满幸福的家庭；一份好工作，可以创造社会价值。"找到好工作，拥有好生活"，一直是我们每个人所追求的，那么，什么样的工作才是好工作呢？

一般来说，好工作的标准是：人文环境好，工资福利待遇不差，企业文化积极向上，能各尽其责，各展所长；良性的竞争环境，企业前景广阔。简单来说就是两句话：一是福利待遇好，二是个人在这个团队中有发展前景。

但这样的工作在现实职场生活中是少之又少，几乎没有。因为没有任何一家企业可以做到福利待遇好又不会出现非能力性缺陷的排斥。公司并不是福利机构，如果你能力不足，势必要被淘汰；如果你足够优秀，却也不能保证不被同事、上级打压。并且，公司只会尽力往"好工作"的标准靠拢，而很难达到完美的水平。所以，好工作是相对的，那就是既要做适合自己的工作，又要学会在工作中创造快乐。

即使你现在工作的薪酬福利不好，但如果是你真心想要去做的、能够实现自己的价值、并且觉得还有发展潜力和提升空间，那么，或许你就不会那么频繁地想要跳槽。因为，这对目前的你来说，是最适合的。

在工作当中，我们只有充满激情和渴望地面对工作，投入工作，创造性工作，才能获得高质量的幸福人生。因为工作时间是我们人生中创造力最强，人生价值突出体现最宝贵的一段时间。如果我们能快乐地工作，那么生活就是幸福快乐的。

工作是我们绝大部分人得以生存的手段，工作质量是决定生活质量的主要因素。当今社会为什么贫富悬殊两极分化这么严重？其中最主要的原因就是，富人比我们对工作更敬业、更勤奋、更忠诚，更热爱自己的公司，正是这些因素，才让他们脱颖而出，并得到相应的回报。因此，我们要想过上高质量的生活，在工作中一定要做到：拥有积极向上的人生观，体验自己存在的价值；和谐包容相处，善于交流合作；勇于面对现实、挑战和战胜自我。

我们在工作中拥有了良好的心理素质和良好的职业道德之后，压力就会变为动力，在逆境中就能保持乐观和进取精神，就能与人交往合作、宽以待人，就能自信乐观、收获幸福和快乐。

工作会为我们提供很多有价值的东西，让我们有成就感，也提供机会和资源让我们实现自我。其实工作压力不一定都是坏的，但要适度。工作是柄双刃剑，过度投入工作，就会影响到生活。我们需要在工作与生活之间建立界线，做到工作、生活两不误，在工作的同时又能感受到生活的快乐。

2.

工作是谋生的手段，也是一种精神需要

工作不仅是生活保障，更是我们精神生活的需要。

这个世界不会规定你具体做什么，但要求你总得做点什么，这样你才能主导自己的生活。工作不仅仅为了生存，有些人觉得工作太累，千方百计地想一夜暴富，这样就不需要工作了。也有很多有智慧的人会发现，工作其实是我们生活中不可或缺的一部分，工作不仅是谋生的手段，是物质生活的保障，同时工作也是一种精神需求。工作在让你养家糊口，过上更好的生活的同时，还能丰富你的精神世界。

为了生存，我们选择了工作；为了证明自身的价值，我们选择了工作；为了使自己更加成熟，甚至为了寻求一种乐趣，我们才努力地做着各种工作。

对于我们来说，工作除了是让我们获得他人尊重和承认的一种方式外，还是让我们获得独立、自由的最可靠的保证，也是和社会联系的最主要的途径。经济基础决定上层建筑，只有有了一定的经济能力，才能生活得无拘无束、自由自在。

正在工作着的人常常充满自信，并且能对自己有一个客观公正的评价，因为工作能使人找回自尊，并获得他人的尊重与承认，这种寻求自尊与他人尊重的需要，也是工作动机的重要驱动力之一。

很多人都有过这样的感受：在工作期间觉得自己太累，每天都期待着长假，但是，当真的放了长假，或是被迫离开工作环境，自由自在地去做自己想做的事情，比如睡觉、旅游，让绷紧的神经好好地放松一下时，开始的几天,自己会觉得无比快乐,但时间一长,又有种无所适从的感觉,心里像是空落落的,急切地想做点什么,这时又会想尽快去工作,尽快见到分别已久的同事们,尽快回到曾熟悉的工作环境中。

与有工作的人相比,失业或者退休的人,还有那些从来就没有工作过的人可能更会有一种茫然感或者失落感,他们对自己的认识和评价还会有些模糊不清。

苏寒是名副其实的富二代,大学毕业后,他在父母的公司待了几天后,觉得与自己专业不对口,就不再上班了。心疼儿子的父母,也不劝他找工作,就任由他每天开着宝马,无所事事地穿梭在市里。开始他觉得挺潇洒,不到半月,他开始感到生活的无聊乏味了。

有一次,苏寒有事到朋友的单位去,正赶上朋友公司的老板,在为一份英文合同犯愁,学英语专业的苏寒帮他解了围。当那位老板对苏寒竖起大拇指不停地夸奖时,苏寒心里有一种说不出的快乐。当老板提出让苏寒到公司当翻译时,苏寒一口答应下来。

苏寒在上了几天班后,朋友笑他:"你家那么有钱,我敢说,你一个月也熬不下来就撤了。"

苏寒立刻说:"你怎么知道我熬不下来,这个工作可是很对我的专业啊。"

朋友又笑了,说:"可你的工资比我的还少1000,即使过了试用期,你最多能拿到4000。你家那么有钱,这点钱,还不够你养车呢。再说了,这工作,早出晚归的,时间长了你这富家公子,肯定受不了。"

苏寒毫不犹豫地回答:"即使让我白干,我也要做下去。"

见朋友不相信地看着他,苏寒强调:"只要我每天有翻译的工作能做,再苦再累我也要干下去。"

苏寒说到做到,他在这个岗位上一干就是3年多,而且没有迟到过一次,害怕堵车迟到,他一直是坐地铁上班。平时工作不忙时,他还会帮助公司做些杂事,比如为老板写文书、做报表等,工作非常敬业。在3年多的时间里,苏寒的工资涨了5次。

最近,公司扩大规模,在本市开了分部,由于苏寒在工作上几乎是个全才,老板就任命他为分部总经理,他的年薪已经超过了10万。

苏寒的高薪经历告诉我们,人生的追求不仅仅只是满足生存需要,还要有更高层次的需求,有更高层次的动力驱使。

职场上,有太多的人仅仅为了金钱而工作,错失了很多能让自己更好发展的机会。因此,我们不要麻痹自己,告诉自己工作就是为了赚钱,而是应该有比薪水更高的目标。工作的质量决定生活的质量。无论薪水高低,工作中尽心尽力、积极进取,能使自己得到内心的安定。工作过分轻松随意的人,无论从事什么领域的工作都不可能获得真正的成功。

将工作仅仅当作赚钱谋生的工具,这种想法本身就让人蔑视。一个人如果总是为自己到底能拿多少工资而大伤脑筋的话,他又怎么能看到工作背后可能获得的成长机会呢?他又怎么能意识到从工作中获得的技能和经验,对自己的未来将会产生多么大的影响呢?这样的人只会无形中将自己困在装着工资的信封里,永远也不懂自己真正需要什么。

对于一个正常的社会人来说,没有工作就没有前程、没有价值。生命是生生不息的,让他原地踏步,明天生活在今天的感觉里,生命便终止了。而所谓价值也只不过是生命延续的可能性,丧失了这一点,我们便空有一副躯壳,此外一无所有。我们需要通过工作这种方式来寻找自己在社会中的存在感。

工作是一种全身心的付出,是一个创造物质财富和精神财富的过程,是为社会做贡献,也是满足和提高自己的消费能力。工作的目的有两个:一是满足社会的需要;二是获得社会上的报酬,成为精神上的支柱。

一个人,如果仅仅为了获得物质上的报酬而去工作,那么他就太可悲了,因为他永远是工作的奴隶。工作也会吝于给他精神支撑,他的工作就真正成为日复一日、年复一年、没有丝毫生机地重复了。对他来说,物质就是一只看不见的手,调节着他工作的努力程度。但是,如果我们为了精神支柱而工作,心情就完全不一样了,当我们投入到工作中时,忧愁会烟消云散;当我们聚精会神地工作时,眼前的困难会成为过眼云烟。

工作，支撑起我们的生活和人生。所以，马克思在妻子燕妮去世的时候，寄情于数学研究，这项工作不仅让他取得了成就，而且减轻了他的哀痛；所以，范仲淹才说"先天下之忧而忧，后天下之乐而乐"。

那些不满于薪水低而敷衍工作的人，固然对老板是一种损害，但是长此以往，也会使自己的事业受到损失，将自己的前途断送。因此，面对现在微薄的薪水，你可以这样理解，公司支付给你的工作报酬是金钱，但你在工作中给予自己的报酬，乃是宝贵的经验、良好的训练、才能的表现和品格的建立。这些东西与金钱相比其价值要高出千万倍。

心理学家发现，金钱在达到某种程度之后就不再诱人了。即使你还没有达到那种境界，但如果你忠于自我的话，就会发现金钱只不过是许多种报酬中的一种。有很多事业成功的人士，他们在没有成功前，即使没有优厚的金钱回报，仍然继续从事着自己喜欢的工作。原因很简单，他们热爱自己的工作。

只要我们用心工作，工作将会给我们带来无尽的好处，这是因为，工作不单单能让我们获得物质的需求，还能让我们寻求到一种归宿感。在生活中，我们每一个人，都需要通过工作参加到某个团体中去，并成为其中稳定的一员，这样我们才会有一种心灵的归属感。

3.

耐得住工作寂寞，才能做得好工作

常言说，好事多磨。工作也一样，我们只有耐得住工作寂寞，才能做得好工作。

好工作是需要我们用心、用感情来培养的，需要我们用时间、用耐心来呵护它，只有倾注了心血、汗水，我们的工作才会有起色。一旦我们在工作中取得了成就，自然会让我们有一种付出后的欣慰和快乐。这些会成为我们日后加倍努力工作的动力，然后工作又会带给我们丰厚的回报。如此发展下去，我们的工作势必会进入一个良性循环，天长日久，就一定会让我们取得不同程度的成功。这时，工作不就变成了好工作了吗？

一般来说，真正的好工作要具备两点：一是适合你的工作，好比穿衣服，再昂贵再漂亮，如果你穿着大或小，那对你来说，就不是好衣服；二是你在这个职位上做得很舒服，也就是人们常说的能感受到工作的乐趣，有人把工作比喻成婚姻，其实不无道理，工作好不好，只有身在工作中的你能深切地体会到，别人充其量只是一个旁观者。

每一份好工作，需要我们耐得住寂寞工作三四年，这样才会让自己在技术和经验上都有一定的积累，这时候我们才算真正做好了与一份好工作彼此适应的准备。

一个人只有在工作上耐得住寂寞，才能有大局意识，才能不计较个人一时得失而尽心尽力做好工作；反之，只想在工作上讨巧，不能吃亏，只能上，不能下，心浮气躁，敷衍了事，这样的人，经不起生活中的风浪，受不了工作上的挫折，终难成大事。

我们选择工作时，万万不能拿公司的大小、规模、外企还是国企、是不是有名、是不是上市公司来衡量。小公司未必不是好公司，赚钱多的工作，也未必是好工作。关键是我们要先弄清楚自己想要什么。如果你还不清楚自己想要什么，就永远也不会找到好工作。因为你永远只看到你得不到的东西，你得到的，都是你不想要的。

有时候，可能最好的工作已经在你的身边了，只是你还没有发现，还没有学会珍惜，所以才让自己与好工作擦肩而过。因为我们总是习惯盯着得不到的东西，而忽视了那些已经得到的东西。只有学会在本职工作中做到寂寞地坚持与守候，才能让自己的工作变成好工作。

周润发是我国著名影星，国家一级演员，华语影坛顶级巨星、国际影星。他是20世纪获影帝最多和第一位入选中学教科书的中国演员，被誉为"演技之神"和"一个时代的坐标"。在香港电影黄金年代开启了诸多类型片先河，枪战片影响更是远至欧美，享誉全球，并曾两次担任奥斯卡颁奖嘉宾。他于本世纪初重返华语影坛，经历着演艺生涯又一个全新挑战。

周润发出生在香港南丫岛的贫民窟里,小时候因为没钱读书,中学毕业就进入了社会。为了养家糊口,他做过很多份临时工,包括酒店服务生、邮差、照相机推销员、的士司机等。他在一个酒店做服务员的工作时,干活非常勤快,虽然他的主要工作内容是帮顾客搬行李,但他很多时候都是应顾客要求而帮顾客洗车。

有一次,周润发洗到一辆劳斯莱斯,惊讶之余被顾客讽刺:"你这种人一辈子也坐不起劳斯莱斯。"这样的客人有不少,即使他干活干得再好,也经常受到白眼。尽管工作如此难干,但他依然把这份工作做得很好,多次得到老板的认可、受到顾客的好评。

1973年,在酒店做服务员的周润发已经18岁了,在一个偶然的情况下,他在报纸上看到无线电视演员训练班招收艺人的广告。由于他从小就喜欢演戏,于是,便与朋友一同去应试,顺利地被录取了。从此以后,他开始了演艺事业。

刚进入演艺圈时,因为他国语不好,五音不全,所以,一直不被人看好,在剧组的地位类似于跑龙套,即使被导演挑选上,也总是饰演一些无足轻重的群众演员的小角色。大多时候,他处在无戏可演的尴尬境地,但他并没有放弃,而是一边默默地努力做好本职工作,一边寂寞地等待机遇。

在1981年之前,周润发按部就班的电视艺员经历无非是做一些媚俗胡闹的综艺节目、嬉皮笑脸的都市言情、装模作样的古装武侠、趣味低劣的三级滥剧。这些就是他初入演艺圈的主要工作成果,直到香港新浪潮电影滚滚而来的1980年,周润发才在具有男性气质的许鞍华的成功发掘之下破茧而出,以自己在"越南三部曲"第一部《胡越的故事》中的冷峻演出震惊影坛,并以超越自身帅气形象的表现首次树立了演技派高手的难得地位。

就这样,周润发在寂寞的坚守后,成功地转型了,并最终成就今天他享誉全球的国际顶级巨星的影帝地位。

　　周润发从一个普通的底层临时工，到今天的国际顶级巨星，可以说他是一步一个脚印地走来的。他不管在哪一个岗位，都兢兢业业，尽心尽力，尤其难能可贵的是，当他进入演艺界后，当时同时期和他进入演艺界的同学，有许多人因无法忍受盛名前的寂寞，而选择了退出。但他从未表现出一丝一毫的浮躁，始终踏踏实实、默默地做好自己的本职工作，才让他有了今天的好工作和成就。所以，耐得住寂寞的优秀品质和敬业精神，是我们每个职场人士必须具备的，同时也是我们做好工作的前提。

　　每一份好工作，都需要我们在本职工作中耐住寂寞来等待。纵观那些功成名就的成功人士，哪一个没有在自己的岗位上寂寞地等待过？不仅周润发等待过，乔布斯、李嘉诚、巴菲特也等待过。

　　每一个成功者在成名前，都有过一段低沉苦闷的日子，他们曾经和我们一样，在这段日子里，为了生存而挣扎，为了让自己的工作变好而寂寞地等待着。在他们一生最灿烂美好的日子里，他们渴望成功，但却两手空空，一如现在的我们。没有人保证他们将来一定会成功，而他们依然选择了耐住寂寞地等待。如果当时他们不甘于寂寞而撂挑子走人，他们还会有以后的成功吗？

　　老子云："淡兮，其若海。"说的就是一个人要有淡泊、淡定之心，要"耐得住寂寞"，只有做到"耐得住寂寞"，才能做到淡泊恬然，得意时淡然，失意时坦然，不去计较名与利的一时得失；不会因得意时的踌躇满志而喜形于色；亦不会因一时的失意而垂头丧气，怨天尤人。只有"耐得住寂寞"，才能静心定气，安心随然，这是做好一切工作的前提。心"静"不下来，就难"安"下来，就会这山望着那山高，就会身在福中不知福。

　　耐得住寂寞，不是消极，也不是心灰意冷，更不是不思进取混日子，而是用淡然的心态看待一切，在力所能及的行为中，努力做好一切。其中的淡泊，既有孔明"淡泊以明志，宁静而致远"的悠然我思，也有朱熹"事理通达心气和平，品节详明德行坚定"的随和。

　　人生不如意事十有八九，难免遭受坎坷，遇到挫折，工作、事业、家庭、生活等方面出现一些这样那样的失败和挫折是正常的，这时，最应该有的是"耐得住寂寞"的心态，不沉沦，不怨天尤人，从失败中吸取教训，从逆境中奋起。是金子总会发光，有业绩自有回报。

　　耐得住寂寞是一种职业品质，只有"耐得住寂寞"，才能真正做到心态平衡,才能经受住成功和失败的各种考验。正所谓"小智者难谋大局",我们每一个人,都应该在工作中反躬自省,问一问自己:"我在这份工作中能耐得住寂寞吗?"

在工作当中,我们每个人都会遇到挫折,都会有情绪低落、不被人理解的时候……而这些时候,恰恰是我们人生最关键的时候,因为很多人在碰到类似的挫折时,都过不了这个门槛。如果你能过去,你就成功了。通常在这样的时刻,我们最需要的是耐得住寂寞,满怀信心地去等待,相信生活不会放弃自己,机会总会来的。至少,我们还年轻。路要一步步走,虽然到达终点的那一步很激动人心,但大部分的脚步是平凡甚至枯燥的,但没有这些脚步,或者耐不住这些平凡枯燥,我们终归是无法迎来最后的成功的。

黑格尔说,只有经过长时间完成其发展的艰苦工作,并长期埋头沉浸于其中的任务,方可望有所成就。请一定要记住,好工作是需要我们寂寞地等待并坚持的。无论你目前的工作遇到多大的困难,只要你能耐得住寂寞,心平气和地做好它,就能发现工作中所存在的乐趣。当你在工作上一次次破解成功的密码时,工作不但会为你带来丰厚的物质回报,还能让你成就事业,同时也让你从中体现自己的人生价值。

4.

学会在工作中寻找、制造快乐

我们每个人都是把一生中大部分的时间用在工作上,无论工作性质是什么。而我们对工作的态度,会反映出每天是否过得有滋有味,是充满成就感,还是脸布阴云、厌倦和疲劳……这些都取决于我们每天在工作中的表现。因此,要想让自己生活快乐,就得学会在工作中寻找、制造快乐。

茨威格说:"在学校和生活中,工作的最重要的动力是工作中的乐趣,是工作获得结果时的乐趣以及对这个结果的社会价值的认识。"工作是我们施展才能的舞台，它需要我们把寒窗苦读来的理论知识，在工作中加以实践。同时我们的应变力、决断力、适应力以及协调能力，都将在这样一个舞台上得到展示。可以说，工作是一件值得我们用生命去做的一件事。

工作如此重要，而且还占据着我们生命中的大部分时间，如果我们工作不快乐，那生活岂不是太苦了。

其实，只要你换一种眼光看待自己的工作，就会发现，再一般的工作，都充满快乐。但前提是，我们在工作中不管做任何事，都应该将心态回归到零，把自己放空，抱着学习的态度，将每一次任务都视为一个新的开始，一段新的体验，一扇通往成功的机会之门。千万不要视工作如鸡肋，食之无味，弃之可惜，结果做得心不甘情不愿，于公于己都没有好处。

如果你只把工作当作一件差事，或者只将目光停留在工作本身，那么即使是从事你最喜欢的工作，你依然无法持久地保持对工作的激情。但如果把工作当作一项事业来看待，情况就会完全不同。

我们对于所从事的工作，爱与厌，苦与乐都只在一念之间。有人整日郁郁寡欢，叹气抱怨，满腹牢骚，工作干不来，还把自己无限放大，更不知道自己的实际才干，每天都在怨天尤人中虚度时光，到最后一无所获；有人天天心情舒畅，阳光示人，分享充实，工作求艺术，在进取中讲创造，脚踏实地发挥能动作用，让自己在享受工作快乐的同时，也收获了在工作上的成功。这两者在工作上出现的差距，取决于工作的态度，后者善待工作，喜爱工作，人逐渐变得轻松，变得从容，变得愉快，这样的人生观才会健康。

由于现代社会工作强度高、压力大，人难免会遇到不顺心的时候。在面对这些困难时，关键是要找出自己烦躁的症结所在，然后对症下药，摆脱工作的压抑感，在工作中寻找一些简单的快乐。因为人的一生是不可能离开工作的，并且大部分的时间都需要在工作中度过。如果你在工作中寻找不到快乐，人生就会失去很多快乐，与其抱怨、哀叹工作之苦，不如学会在工作中寻找快乐。

工作是我们的客观需求。但为什么很多时候我们在工作中感受不到快乐呢？因为很多时候我们对工作的客观需求并没有顺理成章地转变为主观需求，或者说内心的天平在日积月累的重复和劳碌中被消耗殆尽。

很多时候，当我们把工作看成是养家糊口的工具，或者单纯是完成某种使命和责任的劳动之时,心里就戴上了沉重的镣铐,此时,快乐在缝隙中会变得微不足道。

在回归人类自然性的时代里,工作在满足物质需求的基础上已经跃升为实现价值的途径,只有适时地调整需求标准和看待工作的视角,才能使自己解脱身心重负。或者说工作中的快乐与不满在某种程度上只是心灵天平上的刻度的变化,往左移一分就是沉寂,再往右移一分就是平衡。

在工作中不断寻找价值的追求点,不断营造和谐的工作环境,才是对快乐工作的最好诠释,更是追寻内心满足点的途径。

Google 刚成立时只有十来个员工,在一家拥挤的居民房里办公。那时候正是互联网开始发展的时候,人才的流动性很强。Google 的创始人谢尔盖一直在考虑如何才能增加 Google 对互联网人才的吸引力,提高薪水肯定不现实,因为 Google 才刚刚成立不久,根本没有多少资金。

谢尔盖为了了解最吸引这些互联网人才的是什么,特地走访了几十家网络公司。最后谢尔盖发现:由于这些做互联网的工程师工作都特别忙,因此午餐都是随便吃一些三明治或者别的快餐。谢尔盖觉得这是一个很好的机会,于是决定从午餐开始改变。

当时提供午餐的公司很多,大多数公司只是随便应付一下,谢尔盖为了改变这种局面,决定招聘一名厨师来为 Google 的工程师提供免费的午餐。谢尔盖打出了一则广告:诚征厨师长——Google 的人饿了。在广告里,谢尔盖许诺 Google 的厨师长可以得到 Google 的股份。广告打出不久就有厨师来应聘,经过挑选,谢尔盖最终决定选艾尔斯为 Google 的厨师长。

艾尔斯并没有把厨师长当成工作来做,而是当成一份事业来做。由于谢尔盖的充分授权,艾尔斯有充分的权力来决定午餐做什么和怎么做。由于艾尔斯的加入,Google 的午餐有了很大的改变,艾尔斯快乐地对 Google 的同事说道:"我们有美国西南部风味的食品、经典意大利菜、法国菜、非洲食品,以及带有我自己烹调风格的亚洲菜和印度菜。"

快乐的艾尔斯，不但让 Google 工程师们的午餐有了翻天覆地的变化，他对工作乐观的态度也感染了大家，很多工程师因为艾尔斯的快乐和快乐午餐而留在 Google。在 2000 年 Google 列出的十大值得留恋的原因中，艾尔斯的午餐排在第一位。艾尔斯的到来打破了那种互联网公司没有生机的环境，有了快乐的艾尔斯的 Google 变得充满生机。

我们要善于在工作中寻找快乐和制造快乐，即使工作再繁重，也会觉得过得非常充实，同时你就会从这充实的工作中找到一种快乐。快乐其实很简单，放下就是快乐，简单就是快乐。在工作中寻找快乐、体验快乐，会让你每天都有一个好心情。

当我们为生活而工作的时候，何不把工作当成寻找快乐的过程，兢兢业业、踏踏实实地做好每一件事情，在做的过程中学会享受，而不是要达到一个什么要求：为了升职，为了往上爬而做，这样也许你的心态就会平和很多。在做完了当天的工作时笑一笑，为自己的付出感到满意就已经很快乐了，何必太在意结果呢？患得患失最后累的是自己的心，很多东西不可把握，可遇而不可求，坦然处之，龙还要游浅滩，虎也有落平阳的时候，我们的一时之失算什么呢？不妨把工作中的不得意当成对自己的磨砺吧，也许风雨过后的彩虹更美丽。学会在工作里寻找快乐，在过程里把握快乐，快乐就会常在我们身边。

即使工作中没有快乐，也要让自己学会制造快乐。在职场上，情绪低落在所难免，不过情绪非常低落的时候，我们可以尝试这个方法：先做出笑脸，保持两分钟。科学研究已经证明了，只要是真的笑起来了，尝试笑的人也会感到快乐，情绪会高涨，感觉会变得好起来。即使你原来并不想笑，也并不感觉到快乐。

解决问题，不要抱怨，不断地抱怨你的问题只会使你情绪低落、不堪其扰。而且，一声抱怨还会伴有一声叹息，最后会让你的心情瞬间低落到低谷。所以，当你情绪低落时，最好不要去不停地抱怨，而是想办法排解，比如听听音乐、哼哼歌，以此来改善自己的心情。

在职场上，获得快乐的资本最重要的是热情，只有热爱生活、热爱工作才能真正去享受生活、享受工作的乐趣。一般来说，我们选择工作主要有以下三点：

1.为了生存。基于这一点，不是所有人都可以找到称心如意的工作，这时要么让自己郁闷地干下去；要么选择"跳槽"，"跳槽"固然有它的道理，但如果跳来跳去都不满意时，最后还是在原地踏步走。与其这样，不如守着自己的工作，并且从当下的工作中找出喜爱的元素来。

2.为了快乐而工作。在工作中寻找快乐，在同事合作间找快乐。把它转变成一种快乐，享受工作带给自己的乐趣，享受自己在工作中的创造，享受自己在工作中智慧地解决问题的过程。不管我们从事什么工作，都需要我们在不同的工作领域中享受工作中的所有快乐。

3.享受工作成就。在工作中越有成就感的人，体会当然越不同。成就感是积累的，没有第一步，哪来第二步？因此，在工作中多提升自己，多创造佳绩，就会让你每天都有一个快乐的心情。

我们要想在工作中寻找到快乐并不难，因为一个人的快乐，不是因为他拥有的多，而是因为他计较的少，只要我们明白了自己是为了快乐而工作，懂得了如何制造快乐，那么，我们每一天的工作都是阳光明媚，职场前景就会一派勃勃生机。

5.

平凡的工作，别样的幸福

每个人都在追求幸福，幸福的工作，幸福的家庭，幸福的生活。但究竟怎样的工作和生活才算是幸福的呢？丘吉尔曾经说过："一个人最大的幸福，就是在他最热爱的工作上充分施展自己的才华。"因此，我们只要有工作做，并且努力工作、用心做事，在工作中发挥自己的作用，就会对生活充满热爱。有了这种观点，即使再平凡的工作，也会让我们体验到别样的幸福。

幸福是一个美好的词语，《汉语词典》对幸福的解释是：使人心情舒畅的境遇和生活。看来幸福没有标准也没有固定的模式，更多在于心态和感受，心态好了，就会有舒服的感受，怀着好心态做好平凡的工作，自然也是一种别样的幸福。

对于在职场中奔波的我们来说，平凡不是平淡，责任就是担当。工作可以简单而枯燥，但把本职工作转化为责任就完全不一样了。公司犹如一部巨大的机器，我们每一个员工都是一个小小的零件，只有当我们每一个零件都处于最佳状态时，公司才会朝着预定的目标又好又快地前进。

每天的工作也许平淡无奇，但它却是一种沉甸甸的责任。在公司里，你在工作上每做出一点成就，既为公司创造了效益，又让自己获得精神和物质的双重享受。特别是当我们在工作中攻克一个个难关时，就会感到无比充实。苏联著名剧作家罗佐夫曾说，人在履行职责中得到幸福，就像一个人驮着东西，可心里很舒畅，人要是没有它，不尽什么职责，就等于驾驶空车一样，也就是说，白白浪费时间和精力。

高原现在已经是厂里的副厂长了，年薪超过 20 万。但是他当年刚入行时，月工资只有区区 500 元，还是完成任务后的绩效工资。

多年前，初中毕业的高原刚进工厂时，因为学历低，只能在车间当一名临时工。当时他是厂里工资最少的临时工，做的工作非常平凡，每天就是开机器，机器有问题了，他就赶快去找技术员。但他很快就喜欢上了自己的工作，因为他在工作过程中，发现自己的工作很重要。特别是每天下班后，他把机器生产出来的产品抱到库房时，觉得好有成就感。

他在这个岗位上一干就是好几年，为了提高自己的工作效率，他在业余时间自学了很多关于这方面的知识。当他在一次机器出故障而技术员都不在时，第一次笨手笨脚地解决了故障，他高兴得差点跳起来。那种成就感，是任何物质的东西都替代不了的。

从那以后，他工作的兴致更高了，业余钻研的劲头更大了，

　　他经常是早到公司工作。下班后就在宿舍里看这方面的书。直到有一天，他把自己改进机器的图纸交给厂里的技术员看，对方怎么也想不到，一个仅有初中学历的临时工，竟然提出这么有价值的建议。

　　他就这样凭着不懈的努力，让本职工作的业绩节节攀升，很快在同事中脱颖而出。由他设计改装的新式机器，既省电又多产，超节能。除了厂里给他颁发了奖状和奖金外，他还得到市里的奖励，并被评为省十大杰出青年。

　　当有人问起他成功的秘诀时，他腼腆地说道："我觉得一进入车间，一看到那些熟悉的机器，内心就无比喜悦。机器的轰鸣声在别人听来是噪音，在我听来就是一首首优美的歌曲，和它们在一起工作，我会感到无比幸福。"

　　无论做什么工作，都首先要让自己幸福，只有感觉到工作是一种幸福，你才能对工作充满激情，才能拥有和谐的人际关系，才能优质高效地完成任务，才能与企业达成双赢！

　　高原就是保持了这样一种心态，在别人认为车间的工作那么枯燥时，他却满怀幸福地来工作。正是来自这平凡工作中的幸福感，才促使他不断地学习，因为学习不仅能提升能力、增添信心，还能让他为此感到幸福、快乐。

　　受到社会大环境的影响，很多人往往为公司工作就是在为了赚取报酬，公司付自己一份报酬，自己就出一份力来做等价交换，仅此而已。他们很难看到工资以外的东西。长此以往，必然会导致对工作缺乏信心和热情，总是采取一种应付的态度，能少做就少做，能躲避就躲避，敷衍了事，以此来排解对薪酬的不满。他们只想对得起自己挣的工资，从未想过是否对得起自己的前途。

　　其实，当你接手一份工作，首先考虑的不应该是薪水的多少，而应该是工作本身带给自己的整体回报。譬如，发展自己的技能；增加自己的社会经验；提升个人的人格魅力……与你在工作中获得的技能与经验相比，微薄的工资就显得不那么重要了。老板支付给你的是金钱，你赋予自己的是可以令你终身受益的工作经验和工作技能。

　　想要攀上成功的阶梯，最明智的方法就是选择一份即使酬劳不多，也愿意做下去的工作。因为当你热爱自己所从事的工作时，金钱就会尾随而至。你也将成为人们竞相聘请的对象，并且获得更丰厚的酬劳。

在工作中，能力比金钱重要百倍，因为它既不会遗失也不会消退。任何成功者，并非一开始便处于事业的顶峰。在他们的一生中，也是先从平凡的工作起步，甚至多次攀上顶峰又坠落谷底。虽然跌宕起伏，但是有一种东西永远伴随着他们，那就是能力。能力能帮助他们重返巅峰，俯瞰人生。人们都羡慕那些杰出人士所具有的创造能力、决策能力以及敏锐的洞察力，但是他们也并非一开始就拥有这种天赋。而是在长期工作中积累和学习到的。在工作中他们学会了解自我、发现自我，使自己的潜力得到充分的发挥。

一个以薪水为个人奋斗目标的人无法走出平庸的生活模式，也从来不会有真正的成就感，更别说在工作中体验到幸福了。身在职场，虽然工资应该成为我们工作的目的之一，但是从工作中能真正获得更多的东西而不仅仅是钞票。

越是平凡的工作岗位，越能锻炼一个人的能力。工作可以平凡，但你要选择快乐、充实地去对待它，从工作中学习宝贵的经验，这样坚持下去，你就会发现，这份平凡的工作，会让你感受到不平凡的幸福。

如何在平凡的工作中感受到幸福呢？这需要我们先要热爱生命和生活，明白平凡就是幸福。在职场上，可以试着用以下几种心态来对待工作。

1. 在理解中感悟幸福。要追求幸福，提升自己的幸福指数，首先必须对幸福有正确的理解，也就是说要确立科学的幸福观。有人说，幸福是一种客观状态，拥有财富和地位才是幸福；也有人说，幸福是一种主观感受，心中充满阳光自然就会幸福。作为一名职场人，既有同事的支持和帮助，又有老板的信任和关心，有这么多人关注你，这就是幸福。

2. 在成长中体验幸福。不管什么样的工作，我们刚接触时都是从零开始的，因此，每当我们在工作中攻克一个难关时，就是在进步，有进步才会有成就感，有成就感也是一种幸福。

3. 在成功中感受幸福。在平凡的工作岗位上，我们只有时时刻刻爱岗敬业、尽职尽责，才能体现我们的价值所在，生活也会因此焕发出光彩。我们也会在成功中感受到工作带给我们的幸福感。

第四章　耐住寂寞,在坚持中等待成功

　　成功的路上充满艰辛,每一个追求成功的人都不会一帆风顺。坎坷、无奈、寂寞、孤独常常伴随在身边。我们只有正视寂寞并努力承受,心灵才会在静守中成长,生命才会在沉淀中繁华。在追求成功的过程中,我们要耐得住寂寞,在坚持中等待成功。因为当寂寞成为一种切身的感受、成为生活的状态时,成功看似遥遥无期,其实它已经悄悄到来。

1.

工作是一个过程,成功从寂寞开始

　　对于我们来说,所有的工作都是一个过程,一个不断重复、学习、改进的过程,在这个过程中,我们既会感受到进步的欣喜,也会遇到失败的惆怅。进步的喜悦人人都能接受,而失败后心灵的茫然、孤独和寂寞,却是一般人难以承受的。有多少人,就是从失败后的寂寞开始学会了放弃,哪怕离成功只有一步了,也会因为无法忍受寂寞而失败。

　　无法忍受工作中的寂寞,是我们与成功者最主要的区别。大凡成功者,越是在被别人不理解、被孤立时,越是甘愿享受那些无人赏识时的寂寞,让自己在寂寞中沉思,在寂寞中反省,在寂寞中吸取教训,在寂寞中蓄积力量,在寂寞中奋起,在寂寞中越挫越勇,最后在寂寞中成功。

　　对于成功者来说,他们的成功就是从工作过程中的寂寞开始的。是寂寞的守候,让他们发现,自己工作的价值;是寂寞的等待,让他们发现,世上所谓的好运气，其实是建立在做好所有准备的人身上的。

知道在工作中寂寞等待的人，才会具有深沉的耐力和宽广的胸怀，行事不会过分仓促，也不会受情绪左右，明智地踌躇与等待。这样可使成功更牢靠。使机密之事最后开花结果。

时光的拐杖比古希腊大力士赫克斯的铁棒还管用，只要你有足够的耐心来完善自己，只要你有足够的理由，来坚持自己认为正确的东西，就一定能等到最后的胜利。

现代社会中，物欲横流，人心浮躁，很多人一心想着干大事、发大财，为了达到这个目的，他们不择手段，哪里还有雅兴让自己在本职工作中寂寞地等待。

但是，真正的成功，寂寞的等待是必要的。就像种花的人绝不会与花儿争，他们有着大智慧，他们放开手，让花儿向着太阳自由生长。不去刻意操纵，不去死板地把持不放。正因为如此，花儿反倒能够循环往复正常生长。

他们在寂寞中等待，并不是消极地、麻木地等，而是在等待的间隙里，一边让寂寞历练自己的心灵，一边在工作中努力地实践着，让工作朝着完美的地方改进。

法国服装大师皮尔·卡丹，他的成功，就是在一次次寂寞的等待中不断完善自己才取得的。

　　20世纪五六十年代，皮尔·卡丹凭着他超人的才气崛起于服装设计业。而且，他是一个善于等待、沉得住气、稳得住心的人。他与众不同的气质在于，他曾饱尝了开拓者的孤独。但他宁可孤独也不愿混迹上流社会，他总是独来独往。思维像一匹野马在时代的前锋。正因为他既有强烈的时代感，又能超越时代，所以他才从竞争中能够获胜。

　　让人惊讶的是，法国名牌皮尔·卡丹的创始人并非法国人。1922年，皮尔·卡丹出生在意大利的威尼斯近郊，父母都是意大利人，以种植葡萄为生。第一次世界大战结束后，举家迁往法国，当时皮尔·卡丹只有两岁。父亲不会法语，在法国找不到工作，家境相当贫困。皮尔·卡丹的童年是在格勒诺布和工业城市圣艾蒂安度过的。他从小就非常向往巴黎。

第二次世界大战爆发时，他还不到 20 岁。有一天早晨，他对父母说："我要去巴黎。"父母没有表示反对。次日，他便带着一只破箱子，骑了一辆旧自行车动身了。

身无分文的卡丹不得不到处游荡。走投无路时，偶然看见一组时装店的橱窗上贴着招募学徒的广告。于是他便走进去应试。由于他从前学过裁缝，所以被顺利地录取了。从此，他在服装业的天地里左冲右突，尽情地施展他的才华，开始了奋斗的生涯。用他自己的话说："我是从头到尾学这个行业的。我喜欢把一件衣服从头做到尾。从画图、剪裁、缝合、设计式样直至销售。"他一丝不苟地学习着，尽量掌握制衣的每一个细小环节。

卡丹所在的这家服装店是专门出售男性服装的。和女性服装比起来，男式服装花样少一些，但制衣的要求却比女式服装高。他在这里打下了扎实的基础。

1946 年，他转到著名的"迪奥"时装店工作。在那里，他获益匪浅：学会了制作既符合时尚、又大方高雅的时装。凭着他的聪明才智，他渐渐地在法国时装业中站稳了脚跟。

1950 年是卡丹事业的一个重要的转折点。他在里什庞斯街租了一间房，首次展出了他设计的戏剧服装和面具。当时，他的展出地点比较差，但因为衣服款式新颖，仍然产生了不小的影响。这小小的成功给了他更多的信心，他决定在服装界大显身手干一番了。

三年后，他第一次推出了自己的女装设计，并一举成名。

皮尔·卡丹是一个非常富有创造性的人。他具有独特的商业眼光，加之他锐意的进取精神，不久就在时装业打开了一片新天地。在法国，时装业本来是一个限制极严、顾客有限的特殊行业。巴黎时装店虽多，但够得上"高级时装"水平的服装企业也只有 23 家。卡丹首先意识到，高级时装只有在群众中开辟市场，才能找到真正的出路。

1953 年，他改变了时装经营的方式。把量体裁衣的个别定做改成小批量生产成衣，并不断地更新款式。事实证明这一做法非常正确,给他的服装业带来了无限的生命力。小批量投放市场的时装,既不落俗套,又能产生较大的社会影响,这无异于是给他自己的设计做广告。而喜欢他作品的女子都有可能穿上他设计的长裙。这又打破了服装的阶层局限。可以说是服装业的一次革命。

后来,他又把主攻方向改为男式服装,这在服装业中激起一致愤慨。因为按照法国的传统,一位出色的时装设计师,只应该缝制女人的服装。

当卡丹第一次展出各式成衣时,人们就像在参加一次真正的葬礼。他被指责为离经叛道,结果他被雇主联合会除了名。

在随后漫漫等待的岁月里,寂寞的他默默地努力着,为有朝一日的辉煌拼搏着。后来,他干脆直接从大学里聘请时装模特儿,让人们更了解他的服装。就是这一招,确保了他的成功。然而,他并没有到此为止。正当他得到同行们的一致公认的时候,他却预言高档服装正缓慢地走向死亡。

没过多久,他毅然抛弃了服装业的明星制,把大批成衣送到各大百货商店去销售。此举又一次招来同行们的怨怒和责备。他们认为卡丹这样做一定会毁掉时装业的。

在多年后的今天,哪家服装厂不是在广泛地销售自己生产的成衣呢? 然而在当时,他的做法的确让人难以接受。为此,卡丹承受了同行的种种指责和攻击。他知道,那是开创和振兴服装业所必须付出的代价。

1959年,卡丹又做出了一个惊人的举措,他异想天开地办了一次借贷展销。可是这一次他却失败了,让他从时装业的象牙塔上栽了下来。服装业的保护性组织时装行会对他此举感到万分震惊,再次将他抛弃。

痛定思痛后,卡丹并没有彻底灰心。他决心东山再起。不到三四年工夫,他居然又被这个组织请去当主席。

随着卡丹的名气与日俱增,名流和贵族们纷纷请他设计时装。可是有一天,他突然对此厌倦不堪。他想:"为什么光为富人服务呢? 我也应该为普通人服务啊。"从此以后,他决定开始向大众提供他设计的服装。

后来,他扩大了自己的经营范围,不仅有男装、童装、手套、鞋帽、挎包,而且还有手表、眼镜、打火机和化妆品。并且,他将自己的企业不断地向国外扩张。他曾经自豪地说:"我可以睡卡丹床,坐卡丹椅。在一切由我设计的饭厅里吃饭,连用的照明灯,去剧院看戏或参观展览,也都可以不出我的帝国。"多年后,他的这个愿望终于实现了。

卡丹从最初不被人认可到屡受打击到最后的成功,这中间的过程,就是一个寂寞的等待的过程,可以想象,当自己付出所有心血的工作不被人认可时,其内心的寂寞凄凉,远非常人所能体会到的。但卡丹并没有气馁,而是在寂寞中不断地自我完善,最终才让他创造了自己的"卡丹帝国"。30年来,他始终是法国时装界的先锋。1983年,他在巴黎举办了题为"活的雕塑"的表演,展示了他这些年设计的妇女时装。漂亮的时装模特儿穿着他历年设计的有代表性的服装依次出场,手中拿着标明年代的牌子。

令人叹服的是,虽然已经过去了很多年,但由他设计的时装却仍然显现着强大的生命力,让人没有过时之感。耐住寂寞,甘于等待,对自己的事业不断进取和执著追求,这就是卡丹成功的原因。正是他身上那一股非同常人的力量,才使得他的创新意识几乎永不衰竭。

寂寞地等待,是一种智慧,一种积聚,一种孕育。正如冬麦等待严冬的洗礼,不经彻骨的冰冻就没有来年的麦香一样。我们只有经历了坎坷、逆境的洗礼,才能让自己获得最后的成功。

如果说耐得住寂寞是一种智慧,那么寂寞地等待则是一种功夫。透过寂寞的涵养,我们才能体会到穿越时空、步步为营的美妙。心浮气躁,难以等待,会错过一些本来属于你的好机会,也许,当你痛失良机时,你才会真正知道寂寞等待的妙处。

2.

理想的工作,是在寂寞中再坚持一下

对于职场人来说,几乎是穷尽半生的精力,来追求理想的工作,但真正能得到的,却寥寥无几。

生活当中,由于每个人心中理想的工作都不一样,所以,才会不甘寂寞地一次次跳槽,结果是半辈子过去了,依然没有找到理想的工作。

其实,只要你换一种眼光看待自己所谓的理想工作,就能很容易地得到。那就是从你现在从事的工作入手,无论你喜欢它,还是厌倦它,甚至于已经烦到了极点,都要勇敢地坚持下去。在坚持的过程中,你要耐心地对待它,哪怕是工作中的一件小事,都要用心地做好它。一段时间后,这份工作,就会变成你理想的工作了。所以说,理想的工作,就是耐得住寂寞,再坚持一下。

寂寞是什么?寂寞是孤单;寂寞是冷清;寂寞是寂静;寂寞是无人问津;寂寞是磨炼耐性的招数;寂寞是一条无形的枷锁,它悄悄地绑住了你的灵魂,轻易不会松手。

寂寞是一种力量,而且无比强大。事业成就者的秘密有许多,生活悠闲者的诀窍也有许多。但是,他们有一个共同的特点,那就是耐得住寂寞。谁耐得住寂寞,谁就有宁静的心情,谁有宁静的心情,谁就水到渠成,谁水到渠成谁就会有收获。山川草木无不含情,沧海桑田无不蕴理,天地万物无不藏美,那是它们在寂寞之后带给人们的享受。所以,耐得住寂寞的人,何愁做不成想做的事情。

一个美国小伙子,从小就立志将来开自己的公司。上学后,他就开始为自己的理想寻找机会。中学毕业后,他考入麻省理工学院,但却没有去读贸易专业,而是选择了工科中最普通、最基础的机械专业。大学毕业后,他仍然没有马上投入商海,而是考入芝加哥大学,攻读为期3年的经济学硕士学位。更出人意料的是,获得硕士学位后,他还是没有从事商业活动,而是考取了公务员。

他在政府部门工作了5年后,依然没有开自己的公司,而是辞职下海经商。又过了两年,他才开办自己的商贸公司。20年后,他的公司资产从最初的20万美元发展到2亿美元。这位小伙子就是美国知名企业家比尔·拉福。

多年后他接受记者采访,在谈到他的成功时,他特意提到上学时为什么选择与商业无关的工科,并说道:"做商贸必须具备一定的专业知识。其中工业品占绝大多数,不了解产品的性能、生产制造情况,就很难保证在贸易中得到收益。而工科学习不仅是知识技能的培养,而且能帮助建立一套严谨求实的思维体系。清楚的推理分析能力,脚踏实地的工作态度,正是经商所需要的。我在麻省理工学院的4年,除了本专业,还广泛接触了其他课程,如化工、建筑、电子等,这些知识在我后来的商业活动中发挥了举足轻重的作用。"

接着他又提到毕业后没有立即进入商海而是考进芝加哥大学,学习了3年的经济学硕士课程的事情,说道:"我觉得在市场经济下,一切经济活动都通过商业活动来实现,不了解经济规律,不学习经济学知识,就很难在商场立足。我只有掌握了经济学的基本知识,搞清了影响商业活动的众多因素,懂得有关法律和微观经济活动的管理知识,以及对会计、财务管理也较为精通后,才完全具备了经商的素质。"

至于毕业后做的5年公务员,他说:"经商必须有很强的人际交往能力,要想在商业上获得成功,必须深知处世规则,善于与人交往,建立诚信合作关系。这种开拓人际关系的能力只有在社会工作中才能得到提高。这就是我为什么选择在政府部门工作的原因。"

从比尔·拉福的成功中我们发现,他的成功就是在寂寞中坚持不懈地努力的一个过程,由此可以看出,任何一个成功者,都不是偶然而是必然的。他们惯用的法宝，就是在别人好奇而又疑惑的猜测中，为了自己的梦想，在每一份工作中寂寞地、默默地坚持着。当时机成熟时，成功自然就水到渠成、瓜熟蒂落了。

在工作中耐不住寂寞的人，生活就像一座沙做的城堡，无论再怎么华美，终究只能化作流沙。而耐得住寂寞的人，他的工作会在日积月累的成长中渐入佳境，他的生活将会一天天地快乐起来。

我们在日复一日的工作中，必须习惯于在寂寞中度过，没有任何选择。这就是真实的职场生活，有繁华就有平淡，有嘈杂就有安静，有欢声笑语，也有寂静悄然。所以，我们逃脱不掉寂寞的影子，既然如此，就不要与寂寞抗争，而是与它融为一体。

有时想一想，寂寞也有诸多好处，它让我们有时间梳理躁动的心情，让我们有机会审视自己的所作所为，让我们向成功的彼岸挪动脚步，所以，寂寞不光是可怕的孤独，还是推动我们前进的动力。

有一段时间，小米花了很长时间寻找工作，但一直都没能成功——最起码，没能找到她想要的那种工作。事实上，她之所以开始找工作，是因为她目前从事的这份工作让她感觉非常痛苦——无论在工作中被对待的方式还是周围人机械的工作状态，都让她觉得自己必须离开这家公司。所以小米认为是时候跳槽了，该去找一份更理想的工作。但是，经过一番寻找，她发现几乎所有的工作都跟现在这份差不多，于是小米开始思考：究竟什么样的工作才是理想中的工作？是否有能力来改变现状？

她想来想去，一时还真想不到什么样的工作才是理想的工作。于是，她又开始想自己目前这份工作。

"究竟是什么让我不喜欢现在这份工作呢？答案就是老板，我看到他风风火火地出现在办公室，心里就乱了套，把自己一天中做好的工作计划全给打乱了。"小米仔细地思考着这个问题，打算做点什么来改变一下这种状况。可是不行，她不可能让老板按照她的意愿去改变。她终于意识到自己根本没有能力去改变其他任何事情，能够改变的只有她自己而已。

小米首先调整了自己对待老板的态度。她的老板总是让人发疯，老板的行为举止并不符合她心目中一个优秀的老板应该具有的形象。例如很多时候从专业角度来讲，小米的建议是对的，但老板就是不听她的。

因此，小米决定再好好看一看自己的工作和老板，当然，这需要自己耐住性子，然后改变自己的工作心态。接着她开始尝试从与老板的接触中找到一些乐趣，而不是一看见他就生气。这是非常微小的改变，听上去似乎根本没什么不同。但在实际工作中却并不是这样。小米发现当自己用一种谦虚、诚恳的态度请教老板时，老板的态度立刻变得和缓多了。当小米客气而真诚地讲出自己与老板不同的意见时，老板也不像以前那样武断地打断她，而是认真地思考后再委婉地做决定。

虽然老板还是那么一意孤行，但对小米来说，现在的工作状态比之前要好得多，这就够了！

小米并没有换掉工作炒掉老板，掉头去找所谓的更好的工作，但她再也用不着憋憋屈屈地工作了。虽然一切还是老样子，根本没什么变化。但她确实过得比以前快乐很多，因为她发现自己目前这份工作才是最理想的。

小米从厌烦自己的工作到喜欢，是因为她的工作态度发生了变化。在社会的大舞台上，我们处在不同的位置，扮演不同的角色。有时，即使是同一个角色，随着剧情的推演也会有所变化。这时我们能做的就是，想办法解决而不是逃避，可以先从自己的身上找问题，然后耐住寂寞坚持下去。

世界上许多成功者的故事告诉我们，他们为了寻求成功，曾经经历过无数寂寞的日夜，他们在与寂寞结伴而行时，有了更多的时间来思考问题。也许他们成功的捷径，就是在寂寞的思考中诞生的。

在职场上，也有许多人过高地估计自己的毅力，其实他们没有跟寂寞认真地较量过。我们常说，做什么事情需要坚持，只要奋力坚持下来，就会成功。这里的坚持是什么？就是寂寞。每天循规蹈矩地做一件事情，心便生厌，这也是耐不住寂寞的一种表现。如果有一天，当寂寞紧紧地拴住你，而你为了自己的追求不得不与寂寞相伴而行时，心中没有那份失落,没有那份孤寂,没有那份被抛弃的感觉,这样才能证明你的毅力坚强。

要想让自己在职场的道路上走得更远,我们就得在工作上做到以下两点:

1.要让自己觉得工作很快乐。如果一份工作让你觉得不快乐,甚至很受罪,那么你就是那个坚持不到终点的选手,即使你坚持到终点了,这样痛苦的人生有意思吗?

2.要对未来做好规划。尽量让自己劳逸结合,要知道那是个很漫长的过程,不要在一开始就把力气和耐心耗尽了,当力气耐心耗尽而又遭遇挫折,大多数人就会陷入沮丧悲观,跳槽换工作也就变成很自然的事情。所以,对未来做个规划,掌握好自己的节奏,不要跟着别人的脚步而乱了自己的节奏,清楚自己在做什么,清楚自己的目标,至于别人上去了还是下去了,让他去吧,就当没看见。

我们要明白一个道理,就是每个人的工作,不可能总是前簇后拥,工作中难免要面对寂寞。寂寞是一条波澜不惊的小溪,它甚至掀不起一个浪花。然而它却孕育着可能成为飞瀑的希望,渗透着奔向大海的理想。坚守寂寞,坚持梦想,那朵盛开的花朵就是你盼望已久的成功。

3.

坚持,需要以职业精神来自勉

职业精神,是指与我们的职业活动紧密联系并具有自身职业特征的精神。一个人一旦从事特定的职业,就会直接承担着一定的职业责任,并同他所从事的职业利益紧密地联系在一起。他对一定职业的整体利益的认识,促进其对于具体社会义务的自觉责任。这种自觉责任可以逐步形成职业道德,并进一步升华为职业精神。

职业精神对于每一个从业者来说都很重要,但往往又是我们最容易忽略的。当某人在工作时说"这是我的工作"，他的脑海里未必会立即清晰地闪现出做好这个工作需要践行哪些职业精神。

我们在观看美国职业篮球联赛(NBA)时，时常会看到有些球星为了争夺一个球权而奋不顾身地飞身场外去救球，或者会看到有些球星拖着受伤的身体依然坚持打球。下场后，每当记者采访他们为什么这么做时，他们常常会说："我是职业球员。"

是不是职业球员就不需要顾及自己的身体状况而听从教练的安排呢？个中答案，可能只有在我们参加工作后，才会彻底明白"职业精神"的含义。

公司策划部新招了一位叫苏苏的研究生，长得清秀可人，性格也很温柔。可公司里的大部分员工都不喜欢她。原因很简单：其一，她从小在农村长大，又从外地刚到城市不久，说话也让人听不太懂。其二，她工作起来很较真，有时为了完成工作，她会自愿加班，这让没有加班习惯的同事都受不了。再加上她对城市生活了解甚少，同事们觉得和她无话可聊。

平时在公司里，同事们见到她，除了对她点头、微笑、问好外，就不知该谈些什么了。虽然她工作时的兢兢业业与加班时的毫无怨言让领导非常感动，但是她却始终无法真正融入团体中，这对于一个在试用期中的人来说，是一个足以致命的软肋。

眼看试用期将满，大家都心照不宣，这个可怜的研究生不可能被留用。而就在这个时候，发生了一件让人意想不到的事情。

那天，策划部如往常一样，赶着将广告公司制作好的那些宣传画、海报、手册之类的样本发去总部。这些资料将用在与他们合作的那家外国公司的本地宣传上。而就在总部催着要东西时，苏苏却在校对过程中发现了宣传手册上的一处错误，在一大串的亚洲地名前面，广告公司用了"以下国家"这个说法。而不巧的是，那些地名中包括了"台湾"。

"总部那边与新加坡负责人等着这批东西呢。如果给晚了，又会说我们上海这边办事不力。"负责与总部联系的同事小黄冲她嚷嚷着。

　　"原始资料是新加坡方面提供的。我们没权力篡改合作方的东西。"联系广告公司的同事小丽连忙推卸责任。

　　"可新加坡提供的英文资料中,没有提到 countries,只是用了 districts。"苏苏一反平常的慢条斯理,翻出资料夹里的原始资料,坚决地说:"这也就表示,中文并非只可以用'国家',用'区域'同样可行。"

　　"这些资料反正是在新加坡用……"小丽轻声嘀咕。

　　"这是原则性问题。"一向温顺的苏苏竟然冲着小丽瞪眼道,"我绝对不会让这样的手册流出去。"带着那份错误的手册,她敲开了经理办公室的门。

　　整件事情的结果就是,上海这边再次被批评为"办事不力";而到达总部的资料上,印着的是"以下区域";公司正式留用苏苏了。还有就是,自那件事以后,同事们都会主动用普通话与苏苏交谈,也不觉得她缺乏常识了。一年后,苏苏因为工作能力强,就升为部门负责人了。

　　这就是职业精神。职业精神以尽责为体现,能使一个人无所畏惧,能使一个人坚持不懈地去坚持工作中的真理。

　　故事中的苏苏之所以被公司留下来并且被提拔,是因为她在职业精神的驱使下坚持了下来。由此可以看到,职业精神的强大,让一个尚在试用期,平时也不受领导和同事欢迎的弱小女孩,在那么多人的反对声中固执得那么可爱,并最终用坚持换来了大家的认可。

　　职业精神的核心内涵是职业态度。无论是拖着受伤的身体坚持飞身救球的球员,还是冒着被辞风险依然坚持真理的苏苏,都是职业态度的体现。每个老板都不喜欢不敬业的员工,只要你依然拿着薪水,就应该为你的工作而努力。哪怕你工作到最后一秒钟,也应该为这一秒钟努力拼搏。

　　我们践行职业精神是一个一个的环,从工作职责开始,是你的工作你就必须去干,这是你的职责所在;然后是职业态度,既然要干就要努力去干,否则就要被人诟病;最后是职业价值,既然干了就要干好,一定要使工作达到完美,这样才能在公司中立住脚,受人尊重。当你将这些环很好地连接在一起时,你就能在职业舞台上发出耀眼的光彩。

在职场上，我们要想把自己的工作做好，就得坚持下去，这种坚持，需要我们必须具备神圣的职业精神。

4.

坚持寂寞，不放弃就有成功机会

成功路上，往往琐碎的事为我们的成功打下了基础。琐碎的工作充满了单调、乏味和寂寞。其实，工作无大事、小事之分，这些都在你的职责范围之内。一个人在平凡的工作中只有做到力求高效、完美，体现服务和奉献精神，才能在公司中脱颖而出。

我们人在职场，必须练就正确的心态，培养承受寂寞的能力。

职场的路上充满艰辛，每一个追求工作成功的人都不会一帆风顺。坎坷、无奈、寂寞、孤独常常伴随左右。在追求的过程中，当寂寞成为一种切身的感受、成为生活的状态时，成功看似遥遥无期，其实它已经悄悄地到来。耐得住寂寞，就是在守候成功。

曾经有一个普通的女孩，她从小就梦想着站在舞台上唱歌。然而，这个女孩既没有特别漂亮的外貌，也没有天生的好嗓子。但是这并不妨碍她追求自己的梦想。上学期间，她一边努力学习，一边练声，为以后能走上舞台做准备。

在为梦想做准备时，她豪情万丈，踌躇满志。但是有一天，她的梦想受到了打击。在一名著名音乐人的制作室里，一盆冷水向她泼了过来："你的嗓音和你的相貌同样普通，我看你很难在歌坛有所发展。"

听了这话以后，女孩并没有选择离开，反而默默地留了下来。当时，在她所在的音乐公司里，不乏年轻漂亮、天生丽质的

75

　　帅哥美女，她在他们中间，就是一个被人完全遗忘的丑小鸭，连家人、朋友也好心地劝她放弃，不要一条道走到黑，说不定选择别的行业，会让她更快地成功。面对真心为她考虑的朋友和家人，她轻轻地说："虽然我没有唱歌的天分，但我只喜欢唱歌，我是不会轻易放弃的。"

　　在亲朋好友的牵挂和祝福中，她又回到了对她来说并没有前途和未来的音乐公司。虽然梦想那么远，成功那么遥不可及，但她心中很清楚，自己要做的只能是在心中为梦想寂寞地守候，并把握好现在。于是，她依然像以前那样辛苦地工作着，端茶，倒水，制作演出时间表，替歌手拿演出服装……别人问她为什么，她郑重地说："不为什么，我只知道这里是离我的梦想最近的地方。"

　　终于有一天，她微笑着站在了自己的舞台上，用并不惊艳但十分温暖的嗓音感动了所有在场的观众。很快，她就在歌坛上占据了一席之地。

　　这个女孩就是著名歌手刘若英，在成为歌手之前，她曾经忍受着巨大的寂寞和无助，但她从来都没有放弃自己的梦想。

　　成功从来都伴随着痛苦和寂寞。寂寞，是成长所必须承受的"痛"。当我们年轻时，都渴望成功，设想过成功，但真正坚持下来的能有几个人呢？

　　谁没有遭遇过寂寞，痛恨过寂寞，并想摆脱寂寞呢？成功之前，只有你一个人在踽踽前行，没有鲜花，没有掌声，没有赞美，甚至得到的只是嘲笑和打击，没有人会把目光多停留在你身上一点。在成功到来之前，你需要一天天在冷清中度日而且还得继续前行。然而，有人将这份寂寞当成了一种储蓄，以积少成多的投入换取更丰盛的财富，积存在生命的仓库中。

　　成功学家陈安之说："你到底是想要成功，还是一定要成功？想要，跟一定要有绝对的差别，世界最顶尖的成功人士，都决定一定要，而一般没有成功的人，都只是想要而已。我认为，成功有三个最重要的秘诀：第一是有强烈的欲望；第二还是要有强烈的欲望；第三还是要有强烈的欲望。"

76

在职场上,有些人在工作中一遇到一点小小的挫折,便抱怨环境恶劣、社会不公平,埋怨自己生不逢时,或是运气不好,殊不知,有很多成功机会,就是在你不停地埋怨和抱怨中溜走了。

命运一直掌握在我们自己的手中,唯一能逼你放弃的人,只有你自己,只要我们紧握住手、坚持到底,一切不幸都会畏惧你、逃离你。可是,如果我们对自己都失去了信心,那么还有谁相信我们呢?

美国一个伟大的大学篮球教练,执教于一个因为刚刚连输了10场比赛而解雇了教练的大学球队。这位新教练给队员灌输的观念是:"过去不等于未来"、"没有失败,只有暂时停止成功"、"过去的失败不算什么,这次是全新的开始"。

结果,第11场比赛打到中场时该队又落后了30分。休息时每个球员都垂头丧气,教练问道:"你们要放弃吗?"球员们嘴上讲着不要放弃,可肢体动作表明已经承认失败了。

于是,教练就开始问问题:"各位,假如今天是篮球之神迈克尔·乔丹遇到连输10场,在第11场又落后30分的情况,乔丹会放弃吗?"

球员们立刻答道:"他不会放弃!"

教练又问:"假如今天是拳王阿里被打得鼻青脸肿,但在钟声还没有响起、比赛还没有结束的情况下,拳王阿里会不会选择放弃?"

球员答道:"不会!"

"假如美国发明大王爱迪生来打篮球,他遇到这种状况,会不会放弃?"

球员回答:"不会!"

接着,教练问他们第四个问题:"米勒会不会放弃?"

这时全场非常安静,有人举手问:"米勒是什么人物,怎么连听都没听说过?"

教练带着一个淡淡的微笑道:"这个问题问得非常好,因为米勒以前在比赛的时候选择了放弃,所以你从来就没有听说过他的名字!"

这个故事告诉我们,每个人的失败,都是自身原因造成的,不是你自己能力不行,而是你自己在心里已经选择了放弃,选择放弃就等于选择了失败。只要你不放弃,就有成功的机会。如果你坚韧不拔,勇往直前,迎接挑战,就一定会成功。

事实上,成功从来就不会是一条风和日丽的坦途。在职场上,只要我们面对每一次挫折与失败时,始终怀有"再试一次"的勇气与信心,就会离成功近一步。没准儿再试一次,我们就听见了成功的脚步声。所以,我们要想让自己成功,请一定要记住,不要放弃,只要你坚持,就一定会成功的。

5.

耐住工作寂寞,就是在接近成功

无论是在生活中,还是在职场上,只要我们正视寂寞并努力承受,心灵就会在静守中成长,生命就会在沉淀中繁华。耐不住寂寞的人,生活就像一座沙做的城堡,无论再怎么华美终究只能化作流沙。而耐得住寂寞的人,他的人生会在日积月累的成长中渐入佳境。

生活告诉我们,那些不能忍受寂寞的人,当一切繁华和热闹都退却之后,最后只能成为孤家寡人,一个真正的失败者。

有人曾经把辛弃疾写的《青玉案·元夕》中的"众里寻他千百度,蓦然回首,那人却在,灯火阑珊处。"比喻成人生的寂寞和成功。细细品味其中含义,的确很有寓意,它既可以表达情感路上的坎坷,又可自喻明志,表达自己和词中的女子一样超凡脱俗,优雅娴静,宁可独守寂寞也不屈身降志,去和当权者凑热闹。更重要的是,它还有一层意思:比喻我们在做事情时,经过苦苦追寻,寂寞奋斗之后突然获得惊喜的收获。

在职场上，有很多时候，只要我们在工作中耐得住寂寞，就等于是在接近成功，并最终换来属于自己的那一刻。

沃尔特·迪斯尼是当今世界上家喻户晓的娱乐天才，一位受人喜爱的艺术家。他一生从事过多种职业，在职场上，他有过多次失败的打击和坎坷经历。但正如他哥哥所说的"他是一位真正的天才——有创意，有决心，目标明确，而且干劲十足。他整个一生，从来没有因为压力而偏离方向，更没有转移目标"。他一生创造了许多像米老鼠那样幽默、令人捧腹大笑的形象，并于晚年创建了闻名世界的迪斯尼乐园。

1966 年年底，迪斯尼因病逝世。各国报纸都报道了他的逝世，称之为"人类的损失"。当时的总统约翰逊从白宫写了一封信给他的妻子，称赞"沃尔特·迪斯尼创造的奇迹，比生命的奇迹更伟大，他留给我们的珍贵遗产将流芳百世，使世世代代都从中得到欢乐和启示。"

沃尔特·迪斯尼 1901 年 12 月 5 日出生于美国的芝加哥市。他很小的时候就学会了观察林中的各种野兽。第一次尝试画画，是和妹妹在家里找到一桶焦油，在家里面朝马路的白墙上大涂大抹起来，他画了许多房子，上面还冒着炊烟。父亲对此大为生气。

由于父亲身体不好，他 9 岁时就为父亲承担送报的工作。这时他喜欢上了马戏，第一次制作卡通影片就是这个时候。当他快速翻动一套画时，发现画中的人物仿佛在动，这就是卡通的雏形。

1917 年，芝加哥麦金利中学的校刊《金声》杂志刊登了迪斯尼的漫画，他成了这个杂志的漫画家，每周有 3 天去芝加哥艺术学院学习解剖、写作技巧以及漫画。他常常一个人在房里画画，一画就是很长时间。那时他开始搜集笑话，然后加以修改整理后再用于漫画中。

1918 年，沃尔特读完高中一年级不久，他进入美国红十字会组织的救护车部队，成了一名军人。战争结束后，他在当地一个福利社工作,利用业余时间画漫画。并将画稿寄给美国最具幽默性的《生活》和《鉴赏家》两家杂志,但都被杂志社以委婉的措辞退回来了。但他没有来心,依然坚持着。一位乔治亚洲的生意人看中了他的画技,与他合伙做一笔生意。他请迪斯尼在钢盔上画上一个狙击手,每画一个给他 5 法郎。这个乔治亚人到火车上去卖,赚了一大笔钱。

1919 年 9 月,他回到美国开始他真正的事业,先是带着自己的画到《星报》社求职,可报社说他们不缺漫画家。在得知《星报》要招一名绘画助手时,就去应试却没选上,但他没有灰心。后来他听说有两个广告画家想找学徒,立刻带着自己的画去应聘并被录取。不幸的是,圣诞节过后,他和一个叫乌比·依维克的同事被辞退了,但他们不愿放弃自己心爱的事业,在母亲的帮助下,合伙开办了一家依维克·迪斯尼广告公司。第一个月就挣了 135 元。比当学徒赚得还多。

1920 年,堪萨斯市幻灯片公司招收卡通绘画家,他们讨论之后,就去应考并被录用。由于对方坚持要他全天工作,再加上他自己的公司业务量日趋下降,他只好关闭了公司。

堪萨斯市幻灯片公司不久就改名为堪萨斯市电影广告公司。他对这份工作十分满意也十分着迷。在这家电影广告公司他钻研技术,改进制作卡通的方法,使画的卡通更为真实。老板采纳了他的新方法,于是,他和乌比就开始为这家电影广告公司绘制这种新卡通。他对公司编剧人员编写的剧本也不太满意,于是就加上自己编写的一些话,使行文更幽默,更有情趣。

迪斯尼的创新精神使他在电影广告公司脱颖而出,并弥补了他在绘画技巧方面的不足。他的画虽然比不上一般广告公司的面孔漂亮,但人物看起来总是给人以幽默、滑稽之感,让人们开心、喜欢。

迪斯尼运用早期卡通影片特有的夸张画出了一组卡通,并用摄影机拍成影片。这种卡通影片受到了人们的喜爱,迪斯尼将它命名为《欢笑卡通》。迪斯尼因此也出了名。电影广告公司的老板以他为荣,经常向来访的重要人物介绍他。

　　迪斯尼除了制作《欢笑卡通》外,还承担了公司工作人员学习卡通影片的制作方法的培训工作。后来,他为了自己所喜欢的卡通影片,最终辞掉了电影广告公司的工作,并集资1500元组成了一个"欢笑卡通公司"。他的朋友乌比·依维克也离开电影广告公司,与他一起经营公司。从此,他们才开始了属于自己的事业。这期间他经历了失败和坎坷,最后与他哥哥一起成立了一个"迪尼斯兄弟制片厂"。以众多的幽默、滑稽的艺术形象而闻名于全世界。

　　从迪斯尼的故事中,我们会发现,他的一生都在坚守着自己钟爱的漫画事业,无论他做什么,他都念念不忘漫画。他后来选择的职业也是在漫画这个领域。

　　以艺术为职业是冒险的,以漫画为职业则简直就是自寻失败。迪斯尼的画先是老师不满意,接着遭遇杂志社退稿,报社拒绝。但他仍然坚持着,并从别人的赞赏中知道人们是喜欢漫画的,由此推出人们喜欢欢笑。于是,他选择了从事喜剧漫画。虽然他后来仍然遭受过种种失败,但他宁可自己开公司也坚持着。你喜欢别人也喜欢,这就是职业,就是就业市场。迪斯尼的成功是从寂寞的坚守中脱颖而出的。他的成功也告诉我们这样一个道理:如果你认定了一种好职业,就要坚持下去,哪怕天下所有的人都不看好你、孤立你,你依然要耐住性子坚持,因为好的职业总有一天会有市场的,只要你不放弃,就有成功的机会。

　　成功者都是寂寞、孤独的,因为真理和机会往往把握在少数人手中,顺大流一定很轻松,没有人会认为你不可理喻、异想天开,但你永远只能过大众的普通生活,永远不可能与众不同。所以坚信你的选择,不管什么时候,都守住你的寂寞和孤独,相信你总有一天会成功的!

　　每一位成功者,他们在年轻时,和我们一样幻想并追求着成功,也曾经在一生中最灿烂美好的日子里,因为过于渴望成功而付出过种种努力,但最终却两手空空,一如现在的我们。没有人也不可能有人保证或是相信他们将来一定会成功。在这种时候,他们选择的是耐得住寂寞,默默努力,这时的他们,其实就是在一步步地接近成功。

　　每个人都有苦苦追求成功的经历,但有的人锲而不舍,百折不挠,不达目的不罢休,最后达成所愿;而有的人稍遇挫折,便止步不前,或就此放弃,最后被无情地淘汰。前者虽历尽艰辛,看似与成功无缘,却始终会坚持下去,让自己苦尽甘来,修成正果,后者则因为耐不得半点寂寞,忍不住一时的等待而一事无成。

在当今浮躁的职场上,我们已在喧哗与骚动中沉沦太久,对于信念、理想类事物似乎已略感陌生。慢慢地,我们发现现在很少有人能够执著地去追求梦想了。可见,我们不光要有理想,更要有支撑理想的信念。

寻找和等待是一个漫长难熬、寂寞空虚的过程,现代职场人内心愈感脆弱,信念的火焰就变得更为缥缈了。但是,只要信念不息,只要你耐得住工作中的寂寞,你就会一步步地接近成功。

中篇
在诱惑中坚守，方能提升自我价值

在物欲横流的今天，各种披着美好外衣的"诱惑之花"越开越艳，时时刻刻冲击着我们心中那最后的防御阵地。诱惑并不可怕，因为罂粟花再美，只要不去触碰，一样不会自我沦陷。真正可怕的是自身原则的微弱，所以，我们只有不断改变、完善、超越自我，在诱惑中坚守，才能经得起外界的各种诱惑，提升自我价值。

第五章　扛住诱惑，从建立正确职场观念做起

在充满诱惑的时代，利益诱惑布满在人生的路上。在竞争激烈、优胜劣汰、充满压力的职场中，有多少人由于身边的名利诱惑而迷失了自我。在这个充斥着诱惑的职场上，我们要想守住一份心爱的工作，就得建立正确的职场观念，认清自己，选对职业，同时在工作中把控自己，扛住诱惑。只有这样，才能让自己在职场中走得更好更远。

1.

认清自身价值，找到自我定位

人生在世，每个人都有其存在的价值，但问题是自己想成为什么、自己想做什么，这些都关系到一个人毕生事业成败的各个要件，必须要与一个人到底适合做什么相结合。因为只有了解自己到底适合做什么，你才能集中力量有所追求，并朝此方向去努力，自己的哲学和价值观才会变得明确。如此一来，无论现状多么悲惨，遇到多大的困难，你也不会迷失自己努力的方向，并重新站立起来。

职场亦如此。我们要想踏踏实实地做好自己的工作，必须认清自身的价值，让自己保持一颗清醒的头脑，清楚自己到底能胜任什么样的工作，这样才能在职场上准确定位，在自己的职位上安分守己，从而更好地实现人生价值。

有一个自以为是全才的年轻人，毕业以后屡次碰壁，一直找不到理想的工作，他觉得自己怀才不遇，没有伯乐来赏识他这匹"千里马"。于是他对社会感到非常失望，伤心而绝望之下来到大海边，打算就此结束自己的生命。

一位好心的渔夫正好路经此地，从大海中救起了他。渔夫问他为什么要走绝路，他告诉渔夫说自己得不到别人和社会的承认，没有人欣赏和重用他，活着也没有什么意思。渔夫听了微微一笑，弯下腰，随手从脚下的沙滩上捡起一粒沙子，让年轻人看了看，然后就随便地扔在了地上，对年轻人说："请你把我刚才扔在地上的那粒沙子捡起来。"

"这根本不可能！"年轻人说。渔夫没有说话，从自己的口袋里又掏出一颗晶莹剔透的珍珠，也是随便地扔在了地上，然后对年轻人说："你能不能把这颗珍珠捡起来呢？"

"当然可以！"年轻人说着就捡了起来。

"是啊，捡起一颗珍珠是很容易的，因为它太与众不同了。"渔夫接着说，"但你为什么不想一下，自己现在到底是一颗珍珠还是沙粒？如果你和普通人没有什么区别，你又怎么可以苛求别人把你当成是一颗珍珠呢？"年轻人蹙眉低首，一时无语。

有道是"知人者智，自知者明"，一切狂妄和自卑都产生于对自己不正确的认识。职场中，有的人事业成功了，就自以为很了不起，没有什么干不了的事；事业失败了，受到挫折了，又容易灰心丧气，自暴自弃，这都是不能正确认识自己的结果。同样，每个员工对自己为企业创造的价值也要有一个清醒的认识。谁打工、谁当老板都要以创造价值为依据。如果你年薪10万元却仅为企业创造6万元的价值，那么老板岂不是在为你打工？

古希腊人把"能认识自己"看作是人类的最高智能。如今，随着社会的不断发展，我们对于自我认识的程度，显得非常重要。

我们很多人在选择工作时，普遍存在"不能正确认识自己"的误区。其主要表现在两个方面：一是缺乏目标，不清楚自己的职业方向。我们在找工作时，并不了解企业，甚至对自己能做什么也不太清楚，你问他"能干什么"，他就说"干什么都行"。实际上，干什么都行就是干什么都不行；二是对自身价值缺乏准确判断，高估自己，导致选择失误。

当自己屡次在职场碰壁时，先不要急着抱怨无人赏识你，而是要先认清自己，知道自己擅长什么，如何做能让自己与众不同、出类拔萃，当你把自己打造成一颗耀眼的珍珠时，自会有伯乐来认你这个千里马。

王晓中年时下岗了，为了生计，他不得不四处奔波。看着身边的人炒股的、做生意的、开出租的，一个个都很赚钱。王晓听说有个朋友开出租挺赚钱，也动了这方面的心思，当他决定去开出租时，才知道自己连车也没摸过，更别说驾驶证了。

通过托亲戚，找朋友，王晓终于在一家酒店上班了。虽然工作不是很累，但总觉得没什么前途，没什么意思。后来回到老家，王晓开始调整自己的思路，自己以前不是在报刊上发表了不少文章吗？为什么不把它们复印下来，装订成册呢？也许有了这些资本，还能找一个不错的工作。

在省城，王晓跑了很多场招聘会，专门找一些需要文字工作的岗位应聘，结果单薄的大专文凭和已不再年轻的年龄让王晓举步维艰。那些日子里，王晓每天做的事就是买报纸看招聘广告，赶场应聘、投放简历，然后在一些含糊的答复中等待招聘单位的消息。

一天，王晓终于等到了一家文化单位面试的电话通知。那一刻，王晓的心里翻江倒海，酸甜苦辣，什么滋味都有。王晓精心准备了面试可能要回答的问题，直到凌晨三点才进入梦乡。天道酬勤，王晓十几年的工作经验，还有那些剪辑的文章帮了他的忙。这次没有太多的波折，王晓从20余名应聘者中脱颖而出，成了一名内刊编辑。按招聘单位负责人的话来说，他们想找的是一名能立即投入工作进入角色的编辑，而不是华丽的文凭外衣。经过几年漫无目的的奔波，王晓终于找到了适合自己的位置。

一年来，王晓一边工作，一边努力学习编辑的业务技能和刊物的行业知识，他负责编辑的文章没有出现过一次差错，有一篇还获得了省期刊年度好编辑奖。业余时间,王晓撰写了一些文章投给全国各地的报纸杂志,发表各类文章 300 余篇。王晓庆幸自己找准了位置,实现了自身的价值。

对一个人来说,生活中最大的困难不是失败与挫折,而是如何摆正自己的位置。挫折、失败只是人们遭受的外来的"痛苦",而如果没有内在的调整,没有迅速恢复的能力,没有一个好的心态,就无法从痛苦中走出。有时,正是外在的不幸或际遇,让一个人找到了更好的位置。鲁迅原本想通过学医来救治国人的身体,但他最终弃医从文,拾起文笔做匕首;史铁生饱受几十年坐轮椅的痛苦,但他不屈服于命运的安排,从纸笔中发现了自己的文学才华,展示了一个更积极、更健康的自己。这个世界并不是只有伟人,也不是只有普通人。伟人之所以是伟人,就在于他在适合自己的那个位置上来调整自己、锻炼能力等。

在职场这个大舞台上,每个人都可以去选择自己的位置,选择自己的工作方式。不同的位置会有不同的精彩。位置本身并没有绝对的好坏高低之分,好坏高低只是我们的一种评判,不同的人可以根据自身的心境和感觉做出判断。只要我们认清自己,安心于自己的位置,能够在这个位置上付出,便会有自己的精彩,在自己的位置上构筑一个丰富的世界。不满自己的位置,但又不清楚自身的能力,找不到合适位置的人,总是在飘忽不定,失去更多的风景和可能。

不管选择什么样的工作,我们只有找准位置,才能在适合的舞台上彰显自己。有一句很经典的话:"垃圾是放错了位置的宝贝。"同样,宝贝放错了地方也就变成了垃圾,人找错了位置也难以自由地发挥自己的能力。由此可见找到正确位置的重要性。

你的心有多大,舞台就有多大,如果我们能找准自己的舞台,并随时调整自己,我们所设计的人生理想也将更具有实现的可能性。鸟儿飞翔在天空,天空是它的位置;骏马奔驰在原野,原野是它的位置;猛兽出没于山林,山林是它们的位置;鱼儿潜游在清溪,清溪是它们的位置。你有你的位置,我有我的位置,我们每个人都有自己的位置。要学会让自己拥有这个位置需要的能力,要给自己的能力找一个合适的位置。名正才能言顺,安于其位才能尽好自己的责任。

2.

规划职业生涯，选对自己的职业

职业规划最大的好处就在于，帮助我们选对自己的职业，并将个人梦想、价值观、人生目标与行动策略协调一致，去除其他不相关的旁枝末节，整合个人最大的优势与资源，从而向着终极目标快速前进，而这正是我们取得成功的重要保证。

40多年前，一个十几岁的穷男孩，身体非常瘦弱，却在日记里立志长大后做美国总统。如何才能实现这样宏伟的抱负呢？经过思索，他拟定了一系列职业目标：做美国总统首先要做美国州长——要竞选州长必须得到雄厚的财力后盾的支持——要获得财团的支持就一定得融入财团——要融入财团最好娶一位豪门千金——要娶一位豪门千金必须成为名人——成为名人的快速方法就是做电影明星——做电影明星前得练好身体，练出阳刚之气。

按照这样的目标，他开始行动。某日，当他看到著名的体操运动主席库尔后，他相信练健美是强身健体的好点子。他开始刻苦而持之以恒地练习健美，他渴望成为世界上最结实的壮汉。3年后，借着发达的肌肉，一身似雕塑的体魄，在以后的几年中，他囊括了各种世界级的"健美先生"称号。

22岁时，他踏入了美国好莱坞。在好莱坞，他花费了10年时间，利用自身优势，刻意打造坚强不屈、百折不挠的硬汉形象。终于，他在演艺界声名鹊起。当他的电影事业如日中天时，女友的家庭在他们相恋9年后，也终于接纳了这位"黑脸庄稼人"。

他的女友就是赫赫有名的肯尼迪总统的侄女。2003年，年逾57岁的他，告老退出影坛，转而从政，成功竞选为美国加州州长。他的下一个目标就是美国总统。他就是阿诺德·施瓦辛格。

施瓦辛格的经历告诉我们，在职场上，只有科学规划，行动才有力，才更容易成功。从施瓦辛格成功的职业规划中，我们可以发现，职业规划制定得越早、步骤越详细，越能早日实现自己的职业梦想。不管这个目标多么艰难、自己的现实和理想之间相差多远，只要自己有恒心、有切实可行的细致的计划，并一步一个脚印踏踏实实地去完成，就一定能实现自己远大的理想！

在现代竞争激烈的职场中，我们越清楚了解自身的资源与优势，明白如何根据个人核心优势去制定未来发展的道路，越容易实现成功的梦想。

世界头号投资大师巴菲特小时候是一个内向而敏感的孩子，无论是读书成绩还是在生活中的表现，他都与一般孩子毫无区别。许多人都嘲笑他行动、思维缓慢，但他却将这一弱点转化为自己最大的优点——耐心；同时，他还发现自己对数字有天生的敏感，并对其充满了兴趣。在27岁之前，巴菲特尝试过无数的工作，但最终他结合自己的优点——耐心、对数字敏感，让自己成为一名投资家。

正是在明确的职业规划引导下，巴菲特拒绝了许多外来的诱惑，也忍受住许多压力，坚定不移地按照自己的职业发展道路前进，最终做出了一番惊人成就。

职业规划是引导个人走向成功之路的重要砝码。职场人士在职业规划时，必须考虑到行业的特性与个人的优缺点，这样才能制定合理、有指导意义的职业规划。

1.职业发展目标要契合自己的性格、特长与兴趣。职业生涯能够圆满成功的核心，就在于所从事的工作要求正是自己所擅长的。从事自己擅长的工作，我们会工作得游刃有余；从事自己所喜欢的工作，我们会工作得很愉快。如果所从事的工作，既是自己所擅长又是喜欢的，那么我们必能快速地脱颖而出。而这正是成功的职业规划核心所在。

2.职业规划要考虑到实际情况，并具有可执行性。因为在职场上，更多时候是一种积累的过程：资历的积累、经验的积累、知识的积累，所以职业规划不能太过好高骛远，而要根据自己实际情况，一步一个脚印，层层晋升，最终方能成就梦想。

3. 职业规划发展目标必须有可持续发展性。职业发展规划不是一个阶段性的目标，而是一种可以贯穿自己整个职业生涯的远景展望，所以职业发展规划必须具有可持续发展性。如果职业发展目标太过短浅，不仅会抑制个人奋斗的热情，而且不利于长远发展。

3.

锁定目标不放弃，扛住诱惑快乐工作

职场上，我们要想达到锁定目标不放弃的境界，就得扛住外界的各种诱惑，一心一意地对待工作、快乐工作。做到了对工作有兴趣，那么你在工作上就成功了一大半。当你对自己的工作感兴趣时，你自然就会漠视与工作无关的东西了。

有人把人和工作的关系比喻成谈恋爱，就是找到你喜欢的工作后，对这份工作要进行执著的追求、无怨无悔地付出。当你对工作的新鲜感失去时，就更需要你来智慧地经营与工作的关系了。工作回报给你的快乐，是让你发现自己原来这么优秀，让你发现自己在这个行业中，是不可或缺的一个人……最令你感到踏实安全的是，只要你不先厌倦工作，你不先朝三暮四地换工作，工作永远不会背叛你。即便你真的抛弃了工作，如果有一天你再重新回来，重新好好地工作，工作还会像以前那样欢迎你、回报你。

有一个叫兰德的美国人，在他还是一个少年时，就要求自己有所作为。那时候，他就把自己的未来人生目标定位在纽约大

91

都会街区铁路公司总裁的位置上。

因为当时年少，当他说出自己的这个职业目标时，许多人都笑话他。有人逗他："你现在还小，等你长大了，发现有更好更赚钱的职业时，说不定就不会再想着当什么总裁了。"

兰德却坚定地说："不，我就是要当铁路公司的总裁。我喜欢做那样的工作。"

后来，经人介绍，他进入了铁路行业，在铁路公司的夜行货车上当了一名装卸工。尽管每天又苦又累，薪水也很低，但他都能保持一种快乐学习的心态，因为他觉得这是一次非常难得的机遇。他感觉到自己已经向铁路公司总裁的职位迈近。由于他从事的是临时性的工作，所以，当工作一结束，他立刻就被解雇了。

于是，他找到了公司的一位主管，告诉他，自己希望能继续留在铁路公司做事，只要能留下，做什么工作都可以。对方被他的真诚所打动，让他到另一个部门去做清洁工。很快，他通过自己的实干精神，成为邮政列车上的刹车手。无论做什么工作，他始终没有忘记自己的目标和使命，不断地补充自己的铁路知识。在这中间，他曾经遇到过从事别的行业的工作机会，有的甚至比他当刹车手还要体面和风光，但他都拒绝了。

一晃30年过去了，现在，兰德已经是这家铁路公司的总裁了，他依然废寝忘食地工作着。

工作带给我们的益处太多了。所以，当我们选定自己喜欢的工作后，一定要诚心诚意地做好它。扛得住所有过眼云烟的诱惑，向着自己的目标努力并坚持下去，成功是早晚的事情。

工作的成功更需要我们在本职岗位上能坚守自我，这是对自己的一种信任，是笑对人生坎坷的一种坦然，是身处逆境而追求不止的一种执著。

成功是需要付出代价的，从古到今，凡成事者，成大事者，莫不受尽磨难，在磨难中仍然锁定目标不放弃，最终才让他们成就了伟大的事业。如果司马迁没有在遭受腐刑之后坚守自己的事业，后人就看不到"史家之绝唱,无韵之离骚"的《史记》。如果陶渊明没有对自己"本性"的坚守,就不能扛住官场的诱惑而安心在田园中,更不能写出名垂千古的诗句。如果苏东坡没有面对"乌台诗案"的从容和自若,中国文学史上岂不少了一位大家全才? 可见,只要我们锁定目标不放弃,才能扛住诱惑快乐地工作。

锁定目标,坚守自我,它首先要求我们要有智慧,能够正确判断哪些是应该而且必须坚守的,哪些是不应不能坚守的。它还要求我们有自信、有勇气,沉着而清醒。做到在困难面前不动摇,诱惑面前不动心,成绩面前不骄傲。做到了这些,你就会踏实地对待自己的工作并能让自己享受到工作的乐趣。

2008 年 8 月 17 日,2008 北京奥运会女子 3 米跳板跳水决赛在国家游泳中心"水立方"进行。"跳水皇后"郭晶晶以总分415.35 分的高分成功卫冕。作为国内现役运动员的代表,郭晶晶是跳水"梦之队"的领军人物,曾多次获得世界冠军。然而,辉煌的背后是她一步步走过的荆棘之路。

5 岁练跳水,15 岁首次参加奥运会一无所获,1998 年参加世锦赛,仅获女子 3 米跳板亚军,在之后的几年赛事中,她始终与奥运会冠军宝座失之交臂。巨大的压力,残酷的现实,并没有让她意志消沉、打退堂鼓。相反,基于对跳水运动的喜爱,她以坚韧的毅力和不服输的信心,加之更为艰苦的训练坚持着。2004 年,她终于从雅典奥运会拿回 2 枚金牌。

2008 年,早可以光荣引退的她,仍在向 2008 奥运冠军冲刺,那届奥运会上她获得了 2 枚沉甸甸的金牌,演绎了一出完美的落幕。作为一名老运动员,郭晶晶承受着长年伤痛的困扰,在一次次大型比赛中取得了如此辉煌的骄人战绩,是什么让她征战赛场多年却依然保持着良好的业绩? 她成功的背后又有什么经历和特质? 是什么动力在一路支撑着他? 郭晶晶的回答告诉了我们答案:"因为喜欢,才会投入,才会愿意付出。"

成功的背后是一路走过的荆棘之路,我们寻找郭晶晶动力的源泉,可以看到,对跳水的热爱是支持着她战胜种种艰辛、勇往直前的中流砥柱。

因为热爱跳水,所以她始终对跳水运动情有独钟;因为将跳水运动员当成自己现阶段的最佳定位,所以她20年如一日地为之努力和付出;因为心里锁定了成为奥运冠军的奋斗目标,所以她不懈努力,克服一切困难。

郭晶晶在跳板上的成功,除了她热爱自己的职业、锁定目标的坚强决心外,也与她能扛住外界的诱惑有很大关系。在参加北京奥运会时,她早已获过了好几块金牌,那时,找她做广告、代言的公司、企业数不胜数,而她的身价也很高,如果她图一时的利益而疏忽了训练,她就不会有后来的辉煌。由此可见,真正成功的重要决定因素是更能忍受各种诱惑。只有忍住这些诱惑,你才能让自己全身心地投入工作中,在工作中不计较个人得失,才能为了实现自己心中的梦想,承受常人无法忍受的痛苦,顶住巨大的压力,朝着锁定的目标,一路走来不放弃。

在这个充满诱惑的职场上,我们要想朝着锁定的目标前进,就必须坚守自我、改变自我。改变自我有时表现为对不适合自己的选择的放弃,有时表现为对旧"我"的超越和提升。前者是对自己的职业重新定位、不断校正,后者是对自己人生价值的不断提高,比如你不小心选择了一个不喜欢的职业,如果你不能改变自己不喜欢这个职业的现实,就得来改变自我了。

只有不断地改变自我,才能逐步完善自我,才能明白自己适合什么样的工作,才能使自己的人生更有价值。鲁迅弃医从文的改变,使他成为新文化运动的旗手;凡·高不做传教士而学习绘画的改变,使他成为著名画家;瓦拉赫放弃文学和油画选择化学的改变,使他成为诺贝尔化学奖获得者。

超越旧"我",不断进步,不断提升人生境界的改变。这种改变,就其实质而言,是强者渴望改变现状,追求更高人生目标的一种自觉行动。

值得人们注意的是,改变自我必先认识自我,而不能盲目改变,否则就会像乌鸦学鹰,邯郸学步一样授人笑柄。其次,人们必须明白,改变自我的目的是提升自我,因而不能为得到别人的认可和赞赏去刻意地改变自己。因为人活在世上并非一味地活给别人看,而是要体现自己生命的价值。

总之,对于一个人而言,坚守与改变,同等重要,二者相辅相成,缺一不可。问题的关键在于,你能否坚守应该坚守的,改变必须改变的。此所谓运用之妙，存乎一心。

处在当今这个日新月异的时代里，竞争空前激烈，你一个不留神就可能被竞争对手超过去。因此，我们就要提高做事的效率，就要创新发展，而唯有做自己感兴趣的事才是实现这一目标的重要前提。

诺贝尔物理学奖的获得者丁肇中说过："兴趣比天才重要。"兴趣可以增强职业的适应性。谁找到了自己最感兴趣的工作，谁就等于踏上了通向成功的道路。有研究表明，如果从事自己感兴趣的职业，则能发挥出全部才能的 80%～90%，否则就只能发挥全部才能的 20%～30%，而且在从事你不感兴趣的职业的时候，是很容易感到疲劳和厌倦的。一个人只有从事自己感兴趣的工作，才能取得非凡的成就。

> 世界上最伟大的科学家爱因斯坦曾经收到这样一封信，信中邀请他去以色列当总统。面对如此"高官厚禄"的诱惑，让人意想不到的是爱因斯坦竟然婉言谢绝了。在爱因斯坦的回信中他说："我整个一生都在同客观物质打交道，因而缺乏天生的才智，也缺乏经验来处理行政事务及公正地对待别人。所以，本人不适合如此高官重任。"
>
> 现在看来爱因斯坦的选择当然是明智的，因为他清醒地知道，他所感兴趣的是数学和分子物理学，虽然他在这一领域独树一帜取得了成功，可这并不代表他在任何领域都是万能的。试想，如果爱因斯坦不能拒绝如此诱惑而答应下来，那么这个世界上就很有可能少了一位伟大的科学家，少了相对论，而仅仅多了一位庸庸碌碌的政府官员罢了。

所以说，快乐工作的一个重要因素，就是对你的工作有足够的兴趣，要发自内心地喜欢这份工作。只有真心喜欢自己的工作，才能让你锁定自己的职业目标永不放弃，同时能扛住诱惑快乐地工作。

4.

扛住跳槽诱惑，薪水不是工作唯一目的

查尔斯·施瓦布说："如果对工作缺乏深度的认识，只是为了薪水而工作，很可能既赚不到钱，又找不到人生乐趣。"是的，工作不仅仅是我们维持生计的工具，更是打开我们人生眼界的一扇窗户，提供给我们百味人生、接纳各种个性的机会。我们通过工作见识了世间各种各样的场面，同时利用工作机会结识了形形色色的人，我们的生命也随着人际资源的丰富而变得丰富多彩起来。假如我们简单地把工作当成养家糊口的工具，只会让自己沦为金钱的奴隶、工作的奴隶。

如果我们只为薪水工作那是谋生计，但如果我们通过工作能够使自己的潜能得到充分的发挥，实现自己的人生价值，却是比什么都重要的。然而，在很多人眼里，薪水就是他们工作的唯一目的。很多人在对待工作时往往是这样一种态度："给我多少工资，就干多少活。""单位的事情多做无益，做多错多。"表面看来，这些"精明人"没有吃亏，但从长远来看，他们却损失"惨重"；他们逃避工作、推卸责任，整天为眼前的薪水伤脑筋，却忘记了在薪水背后深藏的更为珍贵的东西。

何忠在同学中是个典型的跳槽强人，拥有3年时间更换6份工作的记录。2004年大学新闻专业毕业之后，何忠顺利进入一家报社做财经记者。不到两个月时间，还没等和同事们混熟，他就跳了。跳到另一家报社做财经记者，他跳槽的原因是第二家公司的工资比现在的工资高几百。

他的第二份工作是从网上看到的招聘信息，投了简历之后得到了参加考试的通知。因向往南方的大城市，勇敢的何忠一冲动就毅然辞掉原来的工作，孤注一掷地奔向南方的城市。还好，他最后被聘用了。

　　但第二份工作何忠只干了半年多。原因是工作强度太大，在南方城市又人生地不熟，有些适应不了。而更重要的原因是，在这里花销大，薪水在他看来还是有点少。于是在冲动之余，他又辞职了。可此时再找新的工作就没有那么顺利了，竟然花了两个月时间，手头的积蓄也花得差不多了，才进入一家报社当记者。虽然已经工作了将近一年，在这里一切又得从零开始。

　　这次工作持续的时间只有4个月，因为工作辛苦，且待遇不理想。他觉得自己的丰富经历是以后能轻松找到好工作的资本。所以，他放心地辞职了。但有时候工作并不好找，这次的失业状态持续了3个月，他才进入一家公司做企划宣传。

　　何忠把这段时间当成一个过渡期，一直在寻找新的机会。半年后，他又被一家报社的行业周刊聘用。这次干了将近一年。当同学们都以为他这回要踏实干下去的时候，他又辞职了。原因是现在物价飞涨，挣的那点薪水，根本供不上自己花。于是他想和一个朋友合伙开个公司，自己当老板。到现在4个月过去了，何忠仍没有动静。

　　此时，何忠的一些同学仍然在原来公司工作，虽然没有像他那样，一直以"薪水"高低来换工作。但经过几年时间的积累已经在同行中崭露头角，成为报社的新闻主笔或者重要版面的编辑，有的则成为主编，待遇都很不错。

　　在工作中，并不是你的每一分努力都会得到回报，并不是你的每一次坚持都会有人看到……人总是会遇到挫折，总是会有低潮，总是有要低声下气的时候，这恰恰是人生最关键的时候。逆境，是上帝帮你淘汰竞争者的地方。要知道，你不好受，别人也不好受，你坚持不下去了，别人也一样。千万不要告诉别人你坚持不住了，那只能让别人获得坚持的信心；要让竞争者看着你微笑的面孔，失去信心，退出比赛。胜利属于那些有耐心的人。

　　踏入社会短短几年时间就马不停蹄地换了几份工作的人不在少数。不停跳来跳去真是在一步步接近理想状态吗？还是越跳越心慌，越跳越找不到感觉？其实，跳槽无可厚非，但是过于频繁地跳槽则弊大于利。

在这个世界上，天生富贵的人毕竟是少数，绝大多数人是一定要工作的，最本能的需要，便是养家糊口。因此，很多人在找工作的时候，薪水多少便成了首先考虑的条件。当你问他为谁工作的时候，他会说："那当然是谁给我钱，谁给的钱多，我就为谁工作了。""我只拿这点钱，凭什么去做那么多工作。""我只要对得起这份工资就行了，多一点我都不干。""工作嘛，又不是为自己干，说得过去就行了。"等等。

正因为他们总是在计算自己的得失，生怕吃了亏，可到头来却是吃了大亏。因为太计较，他们失去了成长的机会，也失去了升职加薪的机会。到头来可能连本应得到的工资也得不到，因为，"长江后浪推前浪"，一代新人取代了他们的位置。这就是只为工资而工作的可悲之处。

马斯洛理论告诉我们：工作为了薪水，只是人们最低层次的需求；而每个人都有自我价值实现的渴望和追求。对于职场中的人来说，工作是他们实现自我价值的一个很好途径。因而，工作是为了实现个人价值而不仅仅是为了薪水。薪水背后深藏的更为珍贵的东西就是：给予了我们锻炼、训练的机会，提升了我们的能力，丰富了我们的工作经验，在工作中我们能逐渐建立起自己的品格、完美自己的职业道德，所有这一切是我们将来获得更高薪水和更高职位的机会的根本基础。

那种"短视"的"等价交换"的工作态度："我为公司干活，公司给我薪水，我对得起自己的工资"——会让"短视者"错失诸多机会。这其实是现代版的"买椟还珠"，拿到了工资，却失去了自己的前途和信心。或许公司正在酝酿为其升职、加薪提供锻炼机会，但他本人却不能正视这些，因此丢掉可以获得成长、技能和经验的机会。

其实薪水只是工作的一种报偿方式，虽然是最直接的一种，但绝不是唯一的一种。一个人如果只为工资而工作，没有更高远一些的自我提升和发展的意识，工作起来也就没有主动参与的积极性，所有的事情都是被动地接受，比如公司策划的一些需要员工参与的活动，只要不是下硬任务到头上，而是希望员工自主参与的话，那么就很有可能流产，而且总是被强迫做事，员工自己也会觉得累。

纵观那些成功者的创业经历，我们不难发现，他们成功的关键在于能完完全全地做自己工作的主人，对工作的每个细节毫不放过，不管外界有多少诱惑，他们都不为所动，而是非常忠实地对待自己的工作，坚信只有自己才是工作的真正主人。因此，一个人要想走上成功之路，最明智的方法就是选择自己最喜欢的工作，即使酬劳不多，你也愿意做下去。你一旦在工作中占了主动，不仅能够自觉完成本职工作，而且也会成为工作的主人。

在职场上，我们经常会犯这样的错误：总是很容易关注别人的高薪水，却很少了解别人背后付出艰辛的过程。事实上，有果必有因，天上不会掉馅饼，别人的高工资是努力得来的，不是白捡来的。如果你渴望能够有高薪水，正确的做法不是每天盼着自己什么时候能够拿到，而是抛弃只关注薪水的做法，努力把自己的工作做好，取得优秀的成绩，得到老板的赏识，高工资自然就不盼自到了。

不要太计较薪水的多少，它只是你从工作中获得的一小部分。保持积极的心态、勤奋的工作，不但能获得内心的充实和宁静，也会获得他人的赞许和大家的认同，最终获得公司的肯定和器重，升迁、加薪和奖励的机会也就随之而来。

一个以薪水高低为个人奋斗目标的人是无法走出平庸的生活模式的，也从来不会真正获得更多的东西。如果工作仅仅是为了薪水，那么生命的价值也未免太低俗了。人生的追求不仅仅有满足生存的需要，还有更高层次的需求。不要麻痹自己，告诉自己工作就是为赚钱——我们应该有比工资更高的奋斗目标。

记住这句话：把工资放在第一位，你可能处于贫困中；把态度放在第一位，你可能走向致富和成功之路。

财富不是想出来的，而是干出来的。我们选择一个企业、一份工作，不能光看能不能多拿一点工资，最重要的是看你在这个企业能学到什么，对你今后的职业生涯的发展是不是有利。

5.

干一行爱一行,才能对外界诱惑不动摇

一个人无论从事什么职业,都应该做到干一行爱一行。丘吉尔说过,不要爱哪一行才干哪一行,要干哪一行爱哪一行!干一行爱一行是一种优秀的职业品质,是所有的职业人士都应遵从的基本价值观。因为只有喜爱一行,才能干好一行。管理学中有一句名言:"如果你对工作充满情感,真正让敬业融入血液,那么,从事任何行业都容易成功。"

一个国家、一个社会就好比是一台机器,而我们每一个社会成员就好比是这台机器上的一个配件或是一颗螺丝钉,只有这些配件和螺丝钉都发挥了作用,整台机器才能正常运转。因此,我们每一个人都要正确地对待自己的岗位分工,做到爱岗敬业,干一行爱一行才能成就一行。

热爱自己的工作岗位,热爱本职工作,是对我们工作态度的一种普遍要求。热爱本职工作,就是职业工作者以正确的态度对待各种职业劳动,努力培养热爱自己所从事的工作的幸福感、荣誉感。一个人一旦爱上了自己的职业,他的身心就会融合在职业工作中,这时他才能对外界的诱惑不动摇,从而让自己在平凡的岗位上,做出不平凡的事业。

著名歌唱家刘欢就是干一行爱一行的典型。从1991年起至今,刘欢一直承担对外经济贸易大学《西方音乐史》课程的教学任务。在北京外经贸学院教了10年的西方音乐史,每次他讲课,除了本班级的学生以外,其他班级的学生也站满了教室的走廊。多年来,刘欢以一丝不苟的教学态度和别具一格的教学方式深受贸大学子的喜爱,成为对外经济贸易大学最受欢迎的老师之一。刘欢说,自己该讲课的时候绝对按时上课,这点并不与做音乐冲突。

    刘欢作为中国主流歌坛的一面旗帜。在与其前后成名的诸多歌手皆几经浮沉之时,他以大气的风格和扎实的业绩,始终屹立于歌坛一线。在鲜有唱片问世和各类花边新闻的情况下，他完全凭借音乐上的深厚造诣和难以拷贝的激越歌声，奠定自己在当代歌坛难以撼动的王者地位。这一现象被海内外文化学者认定为"奇迹"。

刘欢是流行歌手、著名歌唱家。他演唱的很多歌曲在中国大地广为流传、经久不衰，其创作和演唱的作品多次获奖。主要歌曲有《少年壮志不言愁》《千万次地问》《弯弯的月亮》《好汉歌》《从头再来》等，深受广大群众喜爱。早在 1987 年的抽样调查中其知名度就已达 87%，自 1985 年夺取首都高校英语和法语两项歌曲大赛的冠军以来，一直屹立于歌坛之巅，在中国流行歌坛有着举足轻重的地位，成为当之无愧的中国流行歌坛"大哥大"。北京 2008 奥运会开幕式上，刘欢和莎拉•布莱曼演唱主题歌《我和你》。

作为目前国内歌坛的重量级歌手，刘欢却始终不舍得丢掉教师这份职业。是因为他爱老师这个行业，他在心里认定这才是他的真正职业，而唱歌则是他的"课外活动"。从事歌手和教师两种并不相同的职业，那么平时刘欢是怎样取舍的？

他说，该上课的时候好好上课，不上课的时候就从事音乐职业，两者并不矛盾，他说自己当了十多年的教师，哪天不讲课还觉得缺点儿什么。谈起两者并没有什么太大的矛盾。这么多年过来了，做老师的感觉一直挺好的。

在这个很多人一切向钱看的时代，刘欢不为金钱所诱惑，能够如此执著地坚守着自己的教学阵地，正是源于他对教育事业的热爱和责任，因为深爱自己的职业，外界再大的诱惑都不可能动摇他对教师职业的热爱。

今天，谈论"干一行爱一行"仿佛有些奢侈，不少人是爱一行才干一行，无论是干一行爱一行还是爱一行干一行，其核心都有一个字——"干"。换言之，就是应该干好本职工作。如果你是农民，种好地是本职工作；如果你是工人，务好工是本职工作；如果你是商人，合法经营、诚信发展是本职工作。

岗位再平凡，只要努力做好，就能使岗位不平凡。当我们热爱自己的工作时,会全身心地投入。少一些私心杂念,多一些阳光纯粹,时间长了,我们就能在自己平凡的岗位上做出不平凡的业绩来。那么,如何让自己做到干一行,爱一行呢。下面这几点或许能对你有所帮助。

(1)努力在工作中寻找乐趣。即使你对目前的工作并不是很满意,或者当前的工作并不是你的兴趣所在,也不要把它看成是一种折磨,也要从中寻觅乐趣。即使你有更大抱负和梦想,做好当下的工作也是非常重要的。快乐是一天,苦恼也是一天,那么,你为什么不选择快乐呢?

(2)正确处理所从事职业与物质利益的关系。对于多数人来说,必须面对现实,去从事社会需要而自己内心不太愿意干的工作。在这种情况下,如果没有"干一行,爱一行"的精神,是很难干好工作,也很难做到爱岗敬业。

(3)珍视工作带给自己的经验和成长,一位作家曾经说过:"顺应与抗争都是一种反应而非万能钥匙,始终心怀希望才是人类延续的力量。"对一份工作是顺应还是抗争,都无可争议;是选择干一行爱一行,还是因为爱一行才干一行,都值得体谅,只是希望每个人心中都满怀希望,用平和的心态和感恩的心胸去善待工作、善待自己、善待他人。

当然,我们说的干一行爱一行,并不是要求每个人终身只能干"一"行,爱"一"行,而是不排斥人的全面发展。它要求我们通过本职工作,在一定程度和范围内做到全面发展,不断增长知识,增长才干,努力成为多面手。我们不能把忠于职守、爱岗敬业片面地理解为绝对地、终身地只能从事某个职业。而是在选定某一行之后就要热爱这一行。因为只有那些干一行,爱一行的人,才能专心致志地搞好工作。如果只从兴趣出发,见异思迁,"干一行,厌一行",不但自己的聪明才智不能得到充分发挥,甚至会给工作带来损失。

第六章　扛住诱惑,用忠诚敬业体现职业本色

忠诚敬业是一种自发的最基本的职业态度,是珍惜生命、珍视未来的表现,同时也是我们工作的强大动力。对工作忠诚敬业不但能够体现个人的价值,还能让你把工作当成一种享受,从更高层次上获得精神的需要。我们只有把忠诚、敬业精神落实到本职工作中,才能让自己扛住来自职场的各种诱惑。

1.

扛住诱惑,忠于公司忠于职业

在职场上,我们只有做到忠于公司忠于自己的职业,才能扛住来自外界的各种诱惑。真正忠诚的员工,在步入公司的第一天起,就把自己的命运与公司的兴衰紧密地联系在一起了。因为公司的兴衰成败也关系到我们每个人的事业成败。所以,在日常工作中,我们要自觉维护公司利益,这是对公司的忠诚,也是忠于职业的最直接的表现。

对于我们每一个从业者来说,工作的最大意义是:不但让我们具备独立生存的能力,还让我们在工作成就中实现自我价值。有工作的我们,生活不再无聊而单一。所以,我们要感谢为自己提供工作的公司或企业。因为若没有这个平台,我们就无法获得工作带给我们的诸多快乐。

有人称工作是生命的载体。当我们选择了一种工作,就是选择了一种生活方式。热爱工作、对工作充满热情的人是每个公司更乐意聘用的人。在这种情况下,除非你喜欢自己的工作,否则永远无法成功。热爱工

作是一种信念,怀着这个信念,我们就能点石成金。

在我们的生命中,工作所占的比例无疑是最大的,特别是对职场人士而言更是如此:醒着的时间中大概有75%必须花在与工作相关的事情上。比如准备上班、前往办公室、为工作殚精竭虑、下班后要应酬、回家后还得缓解工作压力、为明天继续工作储备能量……工作绝不只是8小时以内的事情。一天要花这么多时间在与工作相关的事情上,工作的状态、情绪直接影响着个人生活的状态和品质。

既然工作如此重要,我们就理当乐在其中,因工作而生龙活虎。任何公司或企业都希望自己的员工对工作充满热情。因为只有这样的员工才具有创造力,才能为公司或企业的发展提供动力。你的热情也会感染身边其他人,从而在员工中形成积极互动、共创良好的工作氛围。一个对工作充满激情的人就像是一粒火种,在适当的条件下会形成燎原之势。

我们在爱自己工作的同时,更要爱自己的公司、企业,以公司或企业为家,这样才能在肩负责任的同时产生更多的能量投入到工作中去。

做好工作就是通向高山之巅的阶石,缺少了这样的阶石,就会走弯路、摔跟斗,甚至半途而废,所以只有甘于并善于一步一个脚印地做好工作,我们才会认识到以往工作的不足,提高认识,我们才能取得真绩实效。

忠于职业,会让我们把一份普通的工作当成自己的职业来做,甚至当成自己的事业来做,这种忠诚远比天天空喊忠诚于企业要好一百倍一万倍。这是忠诚的起点。

忠于公司,会让我们把公司当作自己的"家",这样自己在公司工作会觉得放松。这种忠诚把我们和公司紧密地联系在一起,让我们对公司的感情日益加深。有了这种感情基础,我们就会把一切诱惑拒之门外。

我们在生活中需要忠诚,在工作中更需要忠诚。有人说:"成事先成人。""人才人才,人在前才在后。"一个人无论成就多大的事业,人品永远是第一位的,而人品的第一要素就是忠诚。要忠于公司,忠于职责。结合自己的工作岗位,树立正确的理想,脚踏实地,不怕困难,忠于职守,团结协作,认真完成各项工作任务。

关心公司就是关心自己,只有与公司同舟共济,同甘共苦,同心同德,才能为自己谋求最大的发展空间和利益保障。或许有人会说你只是一名普通的职员,在平凡得不能再平凡的岗位上工作,能做出什么事情?

公司的发展需要大家团结起来共同奋斗，企业的壮大离不开你我的共同努力。也许你我都在平凡的岗位上，犹如大海里的一滴水，而正是这无数水珠聚集在一起才汇集成浩瀚的大海。

我们要做的就是：立足于每一个岗位，做好每一件事，把自己所学到的知识与企业的建设相融合。为企业的建设服务，扎根企业，忠于企业，做一个爱岗敬业的员工。平凡的我们照样能高扬起头，因为在平凡的岗位上，我们一样能够奉献。既然选择了这样的工作，就让自己把对生活的热爱、家庭的热爱化为一种动力投入到自己的工作中！这种爱会让你义无反顾地选择敬业。

我们要忠于职守、爱岗敬业，以认真负责的态度投入到工作当中，时刻准备着为公司的和谐发展贡献自己的一份力量，认认真真做好自己的本职工作，确保零失误、零差错，为公司的建设和发展提供有力的保障。如果把公司比作一条航船，那么员工就是船员，双手就是划动大船的桨，只有每个人都伸出双手划桨，行驶的航船才能劈波斩浪、勇往直前。

作为公司一名忠实的员工，我们要加强对自身的约束，爱岗敬业，怀着一颗对公司感恩的心，热爱并做好本职工作，认真工作，努力提高自己的思想素质和业务素质，使自己在本职岗位上快速成长起来，同时恪守"忠于企业，爱岗敬业"的职业道德，发扬"诚信务实、学习团结、拼搏进取"的职业精神，以饱满的热情和不懈的努力，不断地超越自我，迎接新的考验。

扛住诱惑，忠于公司忠于职业，是每个职场人必备的素质。一些大公司的优秀员工，首先就是对自己的公司有着较高的忠诚度。

忠诚于公司，从某种意义上说，就是忠诚于自己的事业。一名秉承忠诚信念的员工，可以给人以信任感，可以增强团队的凝聚力，是领导心目中最可爱的员工。因此，许多领导在用人时，既考察其能力，又看重其人品，而人品最关键的就是忠诚度。一名优秀的员工，只有对公司怀着忠诚之心，才能全身心地投入到工作中，自觉维护公司的利益，时刻为公司着想。

作为公司的一员，我们肩负着维护企业形象和利益的重任。领导总是从全局的角度规划公司的发展方向，公司的生存和发展需要员工忠诚而敬业地工作。对于员工来说，出色地完成领导布置的工作，在获得丰厚的物质报酬和精神成就感的同时,更应竭尽全力,为了公司的整体发展,贡献自己微薄的力量。只有这样,公司的利益才能最大化,员工也能最大限度地得到公平的待遇。

以主人翁的心态对待工作,就会关心公司的成长,知道什么是应该做的,什么是自己不应该做的;以主人翁的心态对待工作,让你像老板一样思考、行动;以主人翁的心态对待工作,让我们发现,自己现在所做的一切,都是为了未来能够取得成功并积累财富。待时机成熟,我们就可以将工作中学习到的技巧,娴熟地运用到自己从事的领域。所以从这个角度来说,我们不是为领导工作,而是在为自己工作。要想培养自己忠诚于公司忠于职业的精神,可以从以下几点做起。

1. 保持踏实、向上的积极心态。我们无论是刚走上工作岗位,还是久经职场,在面对工作时都不能抱着做一天和尚撞一天钟、得过且过的心态去工作,否则,不是你淘汰公司,而是公司预先淘汰你。没有了公司的青睐,也就无所谓有良好的职业发展道路。在某种程度上,职业的发展道路是建立在不断为公司发展服务的基础上的,两者互不可分。

2. 及早发现职业兴趣点,并与公司目标保持一致。员工是要借助于公司而实现自己职业目标的,其职业规划必须要在为公司目标而奋斗的过程中实现,离开公司目标,便没有个人的职业发展,甚至难以在公司中立足。所以员工在制订自己的计划时,应积极主动地与公司沟通,获得公司的指导与帮助;再者,对公司内部举行的培训学习机会予以重视,提高自身能力,进而为公司战略目标的实现做出贡献;最后,我们要对公司内部实行的升迁、流动机制有很清楚的了解,包括横向的、纵向的、网状的和多阶梯发展等形式。

3. 掌握核心技能并努力成为多面手。作为知识型员工,一般都具有专门的知识和技能,在工作上具有较强的自主性,他们了解自身具有的知识对公司的价值,但作为知识型公司而言,知识是不断更新和提升的,如果没有根据自己的特长和兴趣不断提升自我的核心技能,不仅会被企业淘汰,也会被自己的职业淘汰。所以,我们应该追求终身就业能力而非终身就业饭碗,同时要理解并熟悉与自己专业相关的一些知识,扩宽自己的知识面,成为企业中不可替代的人员。

4. 理解公司文化,寻找自我与公司的匹配点。对于员工来说,如果没有在一个与自身价值观相适应的公司文化氛围中工作，是一件很痛苦的事情，而频繁的跳槽和更换只会降低自我的职业提升的筹码，因此在选择公司之初不要被高薪或者优厚的工作环境所吸引，而要真正主动了解公司的价值观和发展观，取得双方的认同，同时了解直接上司的价值观，寻找最佳匹配度，明确自我发展的最佳路径。

2.

忠诚是职业品德，是抗拒诱惑的堡垒

忠诚，是衡量一个人是否具有良好职业道德的前提和基础，更是抗拒诱惑的堡垒。在工作中，取得成功的重要因素已不再局限于个人能力范畴，还取决于一个人优良的忠诚品质。忠诚的价值，不只是一种传统美德，一名忠诚的员工，可以赢得领导的信任，增强凝聚力，是企业可持续发展不可或缺的条件。

工作对于我们来说，不只是谋生的手段，而是一项人生追求。为了自己热爱的事业，我们要忠诚敬业、全力以赴。如果将企业比作一艘在急风骤雨中航行的大船，忠诚的人，则能够永远坚守航行目标，与企业同风雨、共命运。

对工作的忠诚往往是成就事业的基石。下面故事中的梅晓伟就是这样获得成功的。

1998 年，梅晓伟和张剑大学毕业后，一起应聘到某公司做杂志。梅晓伟非常喜欢这份工作，工作非常卖力。他们凭借自己的专业素养和对新闻事业的忠诚，通过几年的努力，杂志在国内有了影响力。这时的他们，因为杂志办得好，开始引起业内人的注意。

俗话说，创业容易守业难。看着杂志越办越好，张剑感到自己的付出与收获不成比例，虽然涨了工资，但比起他做金融业的同学来，还是少得可怜。于是，他开始抱怨做这行没有油水可捞，完全是在浪费青春时光。因为对工作有所不满，他工作起来自然是能偷懒就偷懒。

不久，许多大企业邀请他们加盟。对于高薪、高职位以及高福利的诱惑，张剑率先动摇了，很快就跳到一家大型企业当副总。而梅晓伟却留了下来。他说："我的薪酬在业内虽然不算高，甚至比很多同类媒体企业要低。但我在办这份杂志时，倾注了太多的心血，它就是我的孩子，我不可能抛弃它的。"

别人劝梅晓伟："你到别的地方也可以做杂志啊，只不过是让你换了一个好地方，而且薪水提高了，职位也提高了。"

他笑道："对我来说，再大的诱惑，都无法夺去这几年我对现在工作的投入，不，是对事业的投入。在我眼里，我的工作已经变成了我的事业。即使我人走了，心也会留在这里的。"

就这样，梅晓伟凭着对工作的忠诚，依靠个人魅力和对新闻理想的追求，使得不少媒体人宁愿降低薪酬来到他这里工作。

和梅晓伟一起工作的同事，都被他身上那种对职业的忠诚所感染，所以，他们把这种热情用到了工作上，使得杂志的新闻报道也常比行业中的其他媒体更有深度，更能给读者呈现事件的本质。这个时候，较低的薪酬水平完全没有影响其员工的热情，反而使他们更加专注于新闻理想。

通过他们的努力，杂志越做越好，后来应读者要求，不但扩大了版面，而且又创办了一个刊物。梅晓伟的职位和薪水也得到了改善。现在，公司不但把办杂志的决策权完全交给他，又提升他为公司策划部的负责人，可以说他的事业前途一片光明。而张剑呢，在几年当中，他又换了好几份不同的工作，虽然赚了不少钱，但他却不知道自己到底想干什么样的工作，对职业前途一片迷茫。

尊重和热爱自己的工作，尽忠职守、一丝不苟，这是一种敬业精神，有了这种精神，你就会抗拒各种诱惑，赢得事业的成功。

要忠于自己的职业，就得化职业感为事业感，这虽然只有一字之差，却会让我们得到截然不同的结果。职业感要求我们恪守职业道德，尽心尽力地完成我们的工作。而事业感却不同，它体现了更多的自觉性，而且总与某种价值观联系在一起；它追求的是一种完美的境界，能体现自己生存的意义，能激发更多的创造性。

对工作忠诚，就必须把本职工作做好。如果没有完成任务，首先要问问自己有没有尽心尽力去做，这样才能做到问心无愧。这之后，再想想为什么没有完成，如果是工作能力的原因，就要努力学习，提高自己的工作技能，使自己的业务能力更加精湛熟练。

一位著名的企业家说过这样一段话："我的员工中最可悲也是最可怜的一种人，就是那些不忠诚于自己职业的员工，因为不忠于自己的职业，工作自然做不好。这时，外面一点利益的诱惑，都会让他们放弃眼前的工作。如果他们不改掉不忠于职业的习惯，新的工作照样干不好。"

对于任何一个人来说，工作都是一生中不可或缺的一部分，它除了让我们衣食无忧外，还是一种让我们全身心付出去创造物质财富和精神财富的过程。把工作当成一项成就自己人生的事业去做，这是一种责任、一种承诺、一种精神、一种义务。为了自己的事业而爱岗敬业、全力以赴，是让自己的人生价值无限延伸的正确途径。这就是为什么那些退休的人，在退休之后做义工的原因。

有一家企业的一名普通工人，发明了好几项工作领域的专利，在谈到他的心得时，他说："能够取得这些成功，就是因为我从来不把这份工作当作谋生的手段，而是当成事业来经营。"所以当你认为你所从事的职业是一份值得为之付出和献身的事业时，你就会带着一颗虔诚、敬畏的心去看待你的工作，并在这个过程中让你的人生更加圆满。

许多职场中人，总是把忠诚看成是管理者愚弄下属的工具，把敬业当成老板监督员工的手段，认为灌输忠诚和敬业思想的受益者是企业和老板。其实不然，有位成功者说："自身价值的创造和实现依赖于忠诚敬业。"忠诚敬业铸就信赖，而信赖铸就成功，一旦养成忠诚敬业的习惯，就能主动对老板与企业负责，面对引诱不为所动，对于工作忠于职守，认真负责，这样就能让自己的有限资源发挥出创造无限价值的能力，从而争取到成功的砝码;另一方面老板也会因此对你承担一份义务,会同样忠诚地对待你,会投入精力和资本培训你、重用你、提拔你。这样你也就永远无须担心有一天会失业。所以,忠诚敬业就是一种安全有益的职业生存方式。

　　不可否认,工作是我们的安身立命之本,我们每个人都需要一份工作,需要借助这个平台实现自己的人生价值。通过工作,我们不仅能赚到养家糊口的薪水,还能得到锻炼自己各方面能力的机会。如果没有工作,我们将只能游离于社会之外,事业、前途也将无从谈起。因此,我们的确没有任何理由不去好好珍惜这份来之不易的工作。

　　李晴在大四临毕业的时候去了北京一家知名报社实习。因为这个单位无论是从人员构成还是未来前景上看,都非常不错,于是她就希望在毕业以后到这家报社就职。

　　记者这种职业上班的时间不太固定,很多人都是在外面采访写稿子,工作时间没有严格的定义。而且,因为她是一个实习生,所以单位对她的要求并不严格,愿意来就来,不来也没有人会说什么。但是她几乎每天都要到单位上班,她处理好学业后,就会立即到单位去,或是主动、积极地出去和记者跑新闻;或是和同事交流分析一下别人的报纸什么选题做得好,自己的报纸的选题哪些还需要加强。而且,即使平时没事的时候她也会去外面转一转,找找看有没有好的选题可以做。

　　有的时候,一些正式记者不愿意写的稿子或者是特别难采的稿子,都会让她去。换了别人可能早就抱怨了,但是她总会很高兴地把任务接下来,然后努力地去采访、去挖掘。虽然在采访过程中会遇到很多困难,但是她从来不叫苦,总是踏踏实实地去采写每一份稿子,熬夜加班的时候从来不抱怨。有好几次,她写的稿子还上过报纸的头版。

　　不过有些时候,李晴也会感到心里很难受。因为媒体是一个比较特殊的单位,实习生都没有底薪,基本上是靠稿费生活,而且记者这种职业的工作压力很大,所以在实习期间她不仅要承受经济压力,还要承受巨大的精神压力。

　　还有，由于新闻业发展很快，新报纸层出不穷。每当有这种机会或诱惑的时候，一些同一时期来的、没签约的同事就纷纷另谋出路了，有的还劝她也早点离开。可她始终都没有动窝，一直坚持在原单位做事。

　　李晴觉得，虽然单位没有给她签约，但是部门的领导和同事都把她当作集体的一分子来对待。报社组织的活动会叫上她，甚至一些有关单位未来发展规划的重要会议，也邀请她参加。现在找一份自己喜欢的工作相当困难，况且自己本身就非常热爱记者这个行业，从小的梦想就是当一名优秀的记者。而且自己家里也没有什么关系去走后门，能不能得到单位领导的认可并得到这份不错的工作，只能靠自己平时的努力和认真。所以，每当遇到一些不顺心的事，她总劝自己多忍一忍，再努力些，总会有被认可的时候。

　　就这样，在这家单位实习了一年多，她凭借自己的实力和忠于职业的精神，终于换得了报社一张正式签约的合同。

　　有句话说得好："今天的成就是昨天的积累，明天的成功则有赖于今天的努力。"不管你正在从事什么样的工作，要想获得成功，就要忠于自己的工作，把自己眼前的工作当回事，勤奋工作。如果认为自己的工作无足轻重，并对它投以"冷淡"的目光，那么，即使你从事的是最体面的工作，你也不会取得任何真正的成就。

　　勤奋工作是对职业忠诚最好的诠释。勤奋，是走向成功的坚实基础，是检验成功的试金石。许多成功者都是因为不懈努力、勤奋刻苦才会获得成功。

　　对工作忠诚，还体现在热爱自己的工作岗位上，热爱本职工作，就像热爱自己的生命一样。敬业，就是用一种严肃的态度，敬重自己的企业，敬重自己的工作，勤勤恳恳、兢兢业业、忠于职守、尽职尽责。一句话，就是要有一种忠诚、奉献的精神。

3.

平凡工作见忠诚，爱岗敬业显本色

忠诚能够体现个人的价值。对于每一个人来说，哪怕工作再平凡，你只要忠诚于自己的工作，就是以不同的方式为同一种事业做出贡献。工作中的忠诚表现在工作主动、责任心强、细致周到地体察领导的意图。同时忠诚是不以此种表现作为寻求回报的筹码的。在自己忘我的工作中，价值会得到最大的体现。

爱岗敬业就是认真对待自己的岗位，对自己的岗位职责负责到底，无论任何时候，都尊重自己的岗位的职责，对自己的岗位勤奋有加。爱岗敬业是人类社会最为普遍的奉献精神，它看似平凡，实则伟大。

越是平凡的工作，越能体现一个人的忠诚度；越是平凡的工作，越能彰显一个人爱岗敬业的优秀本色。

爱岗敬业是一名员工最基本的职业素养，作为一名职场人士，爱岗敬业是必须具备的精神。任何一份职业，一个工作岗位，都是一个人赖以生存和发展的基础保障。同时，一个工作岗位的存在，往往也是人类社会存在和发展的需要。所以，爱岗敬业不仅是个人生存和发展的需要，也是社会存在和发展的需要。

一个人一旦爱上了自己的职业，他的身心就会融合在工作中，就能在平凡的岗位上，做出不平凡的业绩。敬业就是用一种严肃的态度对待自己的工作，勤勤恳恳、兢兢业业、忠于职守、尽职尽责，一个人只有首先尊重自己的职业，才能唤起他人对其职业的尊敬，才能使其从事的行业焕发光彩。

不论在哪个时代、哪个年代，"爱岗敬业"作为一个词语都有它不可替代的光芒以及深厚的内涵意义，在具备务实精神的现实社会，尤为重要。

爱岗敬业，并不是一句空话，而是需要我们每个人用行动去践行的职业操守；更是一种人生态度，它决定了你是不是一名值得信赖、可以勇担责任的人。

作为一名职场人士，我们需要一心扑在工作上，立足本职、踏踏实实、认真负责地做好本职工作，这样才能够积极承担起岗位赋予我们的职责，能够有效地处理工作中的问题；我们个人也因此会拥有更加宽广的发展空间。当我们把每一项工作中看起来很小的事情都做好、做精、做细，我们的工作才能出更多的成绩，我们自身的能力，也才会有所突破！

阿丽是一位下岗女工，已到中年的她，因为没有学历，就来到这家跨国公司当了一名清洁工，她每天提前 10 分钟来公司清扫，尽职尽责地工作着。

清洁工的流动性很强，阿丽在这里工作的两年中，她的同事不知道换了多少个。经常是剩下她一个人来负责整个公司的清洁工作。这时阿丽会自动加班。可以说，她是公司来得最早的人，也是下班最晚的人。

最关键的是，她爱岗敬业，甘于奉献，用汗水和辛勤做着平凡的工作，她从来没有因为自己是一个普通的清洁工而抱怨过，而是用她的热情去感染着周围所有的同事。慢慢地，她用她快乐的工作，升华了自己，也感染了别人，整个办公大楼都呈现出一种欢快的工作氛围。

有一天，公司老总因工作加班，离开公司时发现阿丽仍然在楼上楼下地忙着，非常吃惊，忍不住问她："这么晚了，你怎么还不回家？"

阿丽快活地说道："有个同事家里临时有事，先走了，这剩下的工作，就包给我喽。"

老总说："工作做不完，可以明天做吗？"

阿丽回答："我习惯了当天的工作当天做完，要是做不完，回家干什么也不踏实。倒不如在这里认认真真地把工作做好再回去。"

老总笑了，说道："你能否告诉我，为什么你处在这样一个职位还能坚持每天尽职尽责地工作啊？"

阿丽微笑着回答："因为做好工作就是我的责任啊！虽然我

没有什么知识，但我依然很感激企业能给我这份工作，可以让我有不菲的收入，足够支持我和家人过上快乐的生活。而我对这美好现实唯一可以回报的，就是尽一切可能把工作做好。一想到这些，我就非常开心。"

爱岗敬业又是一种伟大的奉献精神，因为伟大出自平凡，伟大源于自愿，没有平凡和自愿的付出，就没有伟大的奉献。我们应该转变对工作的态度，把工作当成自己的神圣使命，这种对工作虔诚的神圣感和使命感，会让你感受到工作是一种幸福。

其实，我们每个人都在用一生的时间守望幸福。当我们回首过往，就会发现工作教会了我们许许多多人生的道理，人生的酸甜苦辣都能在工作中一一品尝。很多年后，当幸福之花盛开之时，工作就是我们一生中最幸福、最快乐的回忆。

有人说，在这个世界上，永远都没有卑微的工作，只有卑微的工作态度。只要我们在自己的态度中添加责任感和使命感，无论你在什么岗位，都会体会到生活的快乐。

在工作中，只要我们能用一种积极向上的爱岗敬业精神把"要我做"变为"我要做"，把工作当成是最美好、最神圣的使命，我们的工作肯定会事半功倍，我们的企业和单位必将前途一片光明，而我们在企业的发展也必将会更加顺利。

平凡是人类的一种美德，平凡的最高境界，是以平静之心、平淡之态做着平常事，淡泊明志，宁静致远，踏实为人，勤勉做事，在平静中创造价值，在平淡中书写对工作的热爱。

任何一个公司都有无数个平凡岗位，都有无数平凡的员工在这些岗位尽职尽责，由于他们对公司的无限忠诚、执著、负有责任感和使命感，才使得公司一天天发展壮大起来。在他们身上，找不到消极、听不到牢骚抱怨，你能看到的只有坚韧不拔的精神和义不容辞的责任。

生活中，有很多人聪明能干，可为什么后来却没有在自己从事的领域做出出色的成就，真正实现自己的价值呢？其中最主要的原因就是，他们丧失了成就事业最宝贵而且是必需的东西，这就是忠诚和敬业。

缺乏忠诚的员工往往会变得心浮气躁，凡事浅尝辄止，遇难而退，这山望着那山高;空有远大理想,却无心执著追求。有位成功人士说:"如果你是忠诚的,你就会成功。"忠诚能体现人的价值,能实现人的价值,能促使人迅速取得成功。让我们牢记这句话:我们的事业并不会显赫一时,但将永远存在。

如何让自己在工作上有进步,下面这几点建议,或许能对你有所帮助。

1.要将忠诚作为立身之本,忠诚是一种美德,我们每个人对单位忠诚,对事业忠诚,才能发挥出团队的力量,才能拧成一股绳。

2.要养成"工作中无小事"的工作习惯,把每一件简单的事做好就是不简单,把每一件平凡的事做好就是不平凡。

3.要充满热情,我们欣赏那些对工作充满满腔热情的人,赞赏那些将在工作中奋斗、拼搏看作人生的快乐和荣耀的人。此外,我们要对工作、对岗位心怀感激之情,讲求奉献,心中常存责任感。

4.

面对诱惑,忠于职业就是忠于自己

在职场上,诱惑无时无刻不在我们身边,我们要学会拒绝和抵制诱惑。在诱惑面前,我们要忠于自己的职责。因为只有忠于自己的职业,才能让自己全力以赴地来工作,从而让自己在工作中不断得到提升,使自己的职场之路越走越宽。

爱自己,爱自己的职业;忠于自己,忠于自己的职业。我们在职场上做到对职业的爱和忠诚,才能无愧于心,才能远离不必要的诱惑,才能离成功更近。

职业是我们在社会中所从事的并以其为主要生活来源的工作。这使得忠于职业与获取利益保持了高度一致。忠于职业没有空间、时间和职位上的差别,随便你在哪个企业,在企业的哪个岗位,也不论什么时候,都应该忠于自己的职业;一个不忠于职业的人,肯定做不好自己的工作,做不好自己工作不要说什么晋职升级,就是"饭碗"也迟早会被打破。只有忠于职业,才能立足岗位,才能实现自己的价值,才能为企业做出更大的贡献。

　　37岁的刘楠很有才华,目前在一家公关公司做媒介经理,说实话,她并不喜欢这份工作,私下里面试过很多其他行业的工作,但因为没有经验,加上自己又嫌薪水少,所以只得坚持在这个岗位上,为的是每月那笔不算低的薪水。

　　虽然做这份工作已经四五年了,但由于在工作上不卖力,她仍然没有升职,而公司不断进入年轻的员工,让她越来越感受到危机感了。

　　最近,公司一个新来的女孩向上级提出了新想法,上级让女孩去执行,并批评了刘楠为何不早采取这种方式。刘楠对于自身未来职业发展越发感到困惑——担心知识结构和经验的衰退期来得太快、担心晋升之路越走越窄、担心年龄的冲击。特别是当她看到公司招聘广告上满眼的"35岁以下"这个字眼越发让她触目惊心。

　　老板得知她的心思后,特地找她谈了话,对她说:"你很有才华,以你的工作能力,早已经该升到副总级别了,你知道你迟迟得不到提升的原因吗?"

　　刘楠想了想,说道:"是不是我年龄大了,观念有点旧,在工作上跟不上时代的步伐?"

　　老板摇摇头说:"做我们这行的,应该是会随着年龄的增大,经验越来越丰富的。你在工作上滞步不前的原因,就是不热爱自己的职业,工作上不专心,所以才在工作上不能突破自己。你要想改变目前这样的窘境,就得忠于自己的职业,这也是忠于自己,为自己将来着想的好办法。"

一个人职业发展遭遇瓶颈的最主要原因,就是不忠于自己的职业,因为对职业不忠,才会三心二意,久而久之,自己的职业前程也会出现问题。

所以，要想让自己成为一个成功的职场人，除了需要自己做一个彻底的分析与判断，还要忠于你的职业。否则即便晋升的机会摆在你面前，如果自我修炼不足，仍然可能处于心有余而力不足或者面临淘汰的尴尬境地。

忠于自己的职业，意味着我们要珍惜自己的个体存在，珍视自己的人生价值，自尊，自信，拥有明确的职业目标，注重实干，百折不挠，不轻言放弃，自我实现，忠于自己，这些都是优秀企业员工的必备素质。

不知道忠于自己的员工，自然会缺乏责任心、使命感，做一天和尚撞一天钟，得过且过，凡事5分钟的热度，蜻蜓点水，浅尝辄止，不可能成为推动企业进步的中坚。

没有谁甘于一生平庸，没有谁不想成就一番辉煌的事业。然而和平时期很少有人凭一时之勇便成就英雄的壮举，更没有多少个众人瞩目影响深远的所谓"好"岗位。我们面对的只能是平平淡淡的工作，平平淡淡的生活。但是，只要你能忠于自己的职业，做到兢兢业业，必定能够成就一番伟业。

人们常说一生的时间太短暂，其实精力更是有限。因为我们除了工作，还要休息，还要参与各种社会活动。精力被分散了，我们就会变得越来越平淡。滴水穿石的事情我们虽然亲眼看见过，但仍然不愿将自己一生的精力集中起来，用微小之躯造就一个伟大创举，于是惰性越来越大。

工作、生活、休息三者中，工作才是我们的脊梁。然而我们的现实表现是我们总是不够尊重我们的工作，总是对它三心二意或是移情别恋。忠于职业，就是要全心全意地对待，心无旁骛。天行健，君子以自强不息，日月只有按照自己的轨迹运行，方才造就春夏秋冬四时的气候，我们若能始终守一，相信人生也会饱含韵味。

忠于自己的职业，就是要把工作变成生命的重要组成部分，作为一生的追求。三百六十行，行行出状元，其道理就在于每一份职业都涵盖了丰富的知识，都有让人们穷其一生也无法看完的流光溢彩。

忠于自己的职业，也是人们心目中最神圣的美德之一，因为这是在用一种更高层次的方式为所从事的工作、事业做贡献。身为员工，当你忠诚于老板时，可以加强老板对你的信任度，因为很多老板在用人时，既要考察其能力，也要注重其品质，而体现品质优劣的关键就是忠诚度。忠诚的人无论能力大小，老板都会以其本能委任职责；相反，能力再强，如果缺乏忠诚,老板也不会委以重任,甚至还会拒之门外。

　　现代职场竞争如此激烈,年轻的我们如果不忠于自己的工作,很有可能面临着失业、下岗,更别说获得高薪、高职位了。没有工作,就不能独立,更重要的是,我们的青春就会在无所事事中荒废而去。因为工作对我们来说,不仅意味着物质、经济,更重要的是它能使我们有成就感、幸福感。有了工作,我们可以得到喜欢的衣服、想吃的食物、安定的住所……如果钱多了,还可以捐给穷人,表达自己的爱心。最为重要的是,在这个人才竞争日益激烈的时代,我们有了工作,找到了工作,在一定程度上就证明了我们的某种能力,证明了我们被人接受、承认。相信对于每一个刚找到工作的毕业生来讲,签约的那一刻都是开心而幸福的时刻。

　　叔本华曾说过,人将何以打发其一生呢?倘若这个世界成为繁华安逸的天国,乳蜜甘芳的乐土,窈窕淑女,悉配贤才,无怨无仇,那么,我们必定会无聊之极,抑或会因烦闷而死,再不,就会有战斗、屠杀、谋杀等。根据叔本华的观点,我们的工作还多了另外一层意义,那就是打发那些无聊的时间。相信那些在闲下来很久以后的人都肯定有一种无所事事、度日如年的感觉。

　　忠于自己的工作和事业,就是厚待人生。因此,我们一定要热爱工作、珍惜工作。只有真正地喜欢自己的工作,我们才会充分发挥自我的主观能动性和创造性,才会把精力、智力等全部投入到工作中去,为自己创造美好的未来,美丽的人生,也为别人贡献自己的力量,为社会创造更多的财富。

5.

诱惑面前,用忠诚敬业捍卫你的职业

　　在每一个人的职场生涯中,都会或多或少地遇到来自各方面的诱惑,这时,就需要我们用忠诚敬业来捍卫自己的职业了。

忠诚敬业体现在忠于公司工作上的安排,不出卖公司商业机密等,对于一名普通的员工来讲也体现在自己的岗位上奉献自己对工作的热爱。敬业是忠诚最直接和最基本的体现,敬业就是对职业忠诚到底。

忠诚敬业在我们的职场生活中极其重要。员工的敬业不仅能给公司创造可观的业绩,更是使员工在工作中提升自己的个人能力,获得老板、公司的尊重和青睐的必备条件。不管是什么样的工作岗位,忠诚敬业的员工总是会尽职尽责。在他们的工作理念中没有所谓的卑微的工作,每一份工作都需要用责任心去呵护。这不仅仅是职业的要求更是发展自己、锻炼自己的好机会。

一个不用心工作的员工,永远都得不到老板的信任和重用。不管在什么样的职场里,我们总会看到这样的情况,提升和加薪都属于那些在职场上兢兢业业的人。

敬业是我们事业成功的催化剂,敬业的态度可以改变我们平凡的命运。一位哲人这样说过:"如果一个人把本职工作当成事业来做,那么他就成功了一半。"所以,在工作岗位上,我们都应该把工作当成自己的事业来做,也就是人们常说的"把职业当成事业来干"。只有抱着这样的工作态度,你才能让你的工作生活每天都充满热情,并不断地提升你的工作能力,最后使你获得岗位上的成功。

在职场上,实现我们岗位目标的手段或许很多,但敬业是一张使你脱颖而出的名片。公司的老板总是更加喜欢那些在岗位上勤勤恳恳的员工,所以每次公司的提升和加薪总会落到这些员工的身上。

把职业当成事业,不仅是一种忠诚于公司,忠诚于岗位的体现,更是一种对自己负责任的体现。只有这样你才能在工作中不断地提升自己的能力,使自己的职场生活越来越灿烂。

有人说:"忠诚已不仅仅是品德范畴的东西了,它更成为了一种生存技能,如果一个人失去了对共生伙伴的忠诚,那他就失去了做人的原则,失去了成功的机会。"在工作中,忠诚敬业还是一种职业的责任感,是一种面对职业的忠诚,是你承担某一责任或者从事某一职业所表现的投入精神。

一名忠诚的员工,首先在品质上要是一名诚实守信的人。他不仅仅要经受得起外界的诱惑，更要经受得起自己内心欲望的诱惑。能够经受得起诱惑是每一名员工都应当遵守的职业道德，毕竟，能够经受得住考验的员工才是忠诚的员工，才是企业需要的员工。在诱惑面前能做到三思而后行，是对企业忠诚，也是对自己负责。

　　克里斯开的这家汽车维修店，已经快20年了。由于他为人诚实，从不多收顾客一分钱。所以，他的店虽然名声很好，但是却没有像其他店那样赚到很多钱。

　　有一天，一个顾客在克里斯的汽车维修店修完车后，自称是某运输公司的汽车司机。他对克里斯说："老板，你在我的账单上多写点零件，我回公司报销后，也有你一份好处。"

　　克里斯听后，立刻拒绝道："对不起先生，我不能做这种违背自己良心的事情。"

　　顾客纠缠说："你再考虑一下，告诉你，我的生意做得很大，你若答应了，我会经常来你店里修的，我的朋友也很多，为了回报你，也会把他们介绍到你店里来修，到时你肯定能赚很多钱。我想要不了多久，你就能赚到——"

　　"对不起先生，我再说一遍，在我公司里，是不允许有这种事情发生的。"克里斯尽量耐着性子打断对方。

　　顾客气急败坏地嚷道："现在做你们这行的，谁都会这么干的，我看你是太傻了，要是你不改变自己这死板的理念，永远也别想发财。"

　　克里斯生气了，他不客气地说："先生，请你马上离开，到别处谈这种生意去，我要工作了。"

　　就在这时，顾客露出微笑，并满怀敬佩地握住克里斯的手说："我就是那家运输公司的老板，之前听人说过你的事情，一直不相信。今天，我彻底被你对工作的态度征服了，也放心了。你知道吗？几年来，我都在寻找一个固定的、信得过的维修店，你正是我要找的店，我今后会常来的。"

面对诱惑，克里斯并不怦然心动，不为其所惑，虽平淡如行云，质朴如流水，却让人领略到一种山高海深的闪光品格——诚信。

正是由于强烈的敬业精神，克里斯才经受住了诱惑的考验，也让自己的公司获得了收益和尊重。所以说，诚实守信是一个人最重要的素质，也决定了一个人事业的发展趋势。

实际上，任何一家企业的老板，都希望能够把自己的公司做大做强。这样，他就必须倚重那些爱岗敬业的员工。在强烈责任心的驱使下，他们不仅会主动提升自己的业务能力，激发出无穷的潜能，而且会对老板和企业负责，得到尊重和重用。李嘉诚说过，用人最主要的是看其责任心和忠诚可靠程度，对于这样的员工，企业将会给其最大的发展机会。

忠诚敬业是我们工作的最高境界，无论从事什么职业，唯有做到忠诚敬业，才能在自己的领域里脱颖而出，实现自己的人生价值，受人尊敬。

忠诚一直以来都是职场的一个永恒的话题。没有人会无缘无故地背叛自己的老板和公司，那种背叛都来源于各种各样的利益诱惑。

人是一个不轻易满足的物种，这也是人类得以前进和发展的动力源泉。然而，如果欲望控制不当，你就会变得贪得无厌，从而道德扫地，丧失他人的信任。很多时候，很多人努力创造出来的价值往往会毁在一个叛徒的手里。因此，公司在选择人才的时候，忠诚和诚信往往是考察的首要因素。如果你禁不起诱惑的考验，那么你也就难以得到老板和公司的信任，反而有可能被扫地出门，或被人拒于千里之外，严重时还会给自己和公司带来灭顶之灾。

法国兴业银行是法国主要的银行集团之一，世界上最大的银行集团之一，总部设在巴黎，上市企业分别在巴黎、东京、纽约证券市场挂牌。2000 年 12 月 31 日它在巴黎股票交易所的市值已达 300 亿欧元。

2008 年，法国兴业银行内部一名交易员利用漏洞买卖期货，在 2007 至 2008 年间，这名交易员进行了一系列"精心策划的虚拟交易"，并凭借其精通兴业银行集团保密系统成功地掩盖了其欺诈行径。这令公司损失 71.4 亿美元，为有史以来涉案金额最高的诈骗案。此次欺诈交易行为对兴业银行带来了致命的打击，股票狂跌 4.1% 至 79.08 欧元。兴业银行股票在巴黎交易所暂时停牌。有的欧洲金融分析家担心，这起事件不但会让法国第二大银行陷入绝对危机，还会引发法国乃至欧洲的银行金融动荡，进而使全球经济不景气雪上加霜。

兴业银行之所以在短时间内遭受重创，原因就在于公司职员连起码的职业道德都不具备，对工作更是缺乏忠诚敬业的精神，这使他无法抵挡巨额的金钱诱惑，最后不但毁掉了自己的前程，也让公司遭受到了灭顶之灾。

因为一个人的品质问题，险些毁掉一个百年甚至几百年的企业，在这个时代已经不是新闻了。有那么多名动天下的国际企业，在一夜之间就毫无预兆地倒闭。可以说，企业员工的忠诚与否，关系着企业的兴衰成败。

我们要想成为受人尊敬的爱岗敬业的员工，可以从以下几方面来努力。

1.把敬业当成使命。在工作中，用什么样的心态去工作非常重要。作为公司的一分子，每个人都有自己基本的工作职责和工作范围，只要我们真正热爱自己的职业，以尊敬、虔诚的态度对待工作，倾注全部的心血和热忱，就一定能够得到丰厚的回报，体会到敬业的好处。

2.任何工作都不分高低贵贱，我们必须把本职工作做好。如果没有完成任务，首先要问问自己有没有尽心尽力去做，这样才能做到问心无愧。这之后，再想想为什么没有完成，如果是工作能力的原因，就要努力学习，提高自己的工作技能，使自己的业务能力更加精湛熟练。

3.做事情一丝不苟。成功取决于细节，只有对工作一丝不苟，才能最终有所成就，这也是力求完美的可爱员工必备的素质。做事一丝不苟，能够培养严谨的品格，引领职场新人往好的方向前进，鼓舞优秀者追求更高的境界。每一位职场中人，都应该磨炼和培养自己一丝不苟的精神，因为无论你将来处于何种位置，做何种工作，敬业精神都是你走向成功的最宝贵的财富。

4.养成敬业的好习惯。敬业就是尽职尽责、全心全意、一丝不苟，概括为三个字就是责任心。大家都熟知木桶理论，即一个木桶装水量的多少，取决于最短的那块木板。如果把员工的各项技能和素质看作是一个木桶，那么他对企业贡献的大小就取决于最短的那块木板——责任心。

5.培养自己的敬业精神。有些人天生热爱工作，他们的敬业精神是与生俱来的，而有的人却需要经过后天培养，但是只要坚持以认真负责的态度做事，久而久之，就可以养成敬业的好习惯。当敬业精神深植于脑海，我们就能体会到工作的乐趣，取得更大的成就。

第七章　扛住诱惑,责任感是职业精神的核心

责任感是我们行动的动力和源泉,是职业精神的核心,是个人的坚守,是人生的升华,更是一种与生俱来的使命。在职场上,责任感是我们必须具备的最基本、最重要的素质之一。强烈的责任感让我们拥有较强的自信心与使命感,让我们会对工作投入极大的热情,并促使我们在工作中不断进取。我们只有对工作具备了高度的责任感,才能让自己扛住各种诱惑,全身心地投入到工作中去。

1.

责任感是至高无上的职业精神

责任感是人安身立命的基础,是至高无上的职业精神,是一种与生俱来的使命,它伴随着每一个生命的始终。爱默生说:"责任具有至高无上的价值,它是一种伟大的品格,在所有价值中它处于最高的位置。"

在每个人的生活中,有大部分时间是和工作联系在一起的。放弃了责任,就背弃了对自己所负使命的忠诚和信守。责任胜于能力。当你意识到自己的责任,勇敢地承担起自己的责任时,你所在的公司或团队,会因为你的这份责任感而变得更加辉煌和强大,而你的人生也会因此拥有更多的卓越和精彩。

只有责任,才能让我们每个人拥有勇往直前的勇气,才能使每个人产生强大的精神动力,才能使每个人积极地投入到工作中去,并将自己的潜

能发挥到极致。事实上,也只有那些勇于承担责任的人才有可能被赋予更多的使命,才有资格获得更高的荣誉。

责任是永恒的职业精神。如果说智慧和能力像金子一样珍贵,那么勇于负责的精神则更为可贵。一个民族缺少勇于负责的精神,这个民族就没有希望;一个组织缺少勇于负责的精神,这个组织就难以让人信任;一个人缺少勇于负责的精神,这个人就会被人轻视。

　　1967 年 8 月 23 日,苏联著名宇航员弗拉米尔·科马洛夫,独自一人驾驶"联盟一号"宇宙飞船,经过一昼夜的飞行,完成任务,胜利返航。此刻,全国的电视观众都在收看宇宙飞船返航的实况,但飞船返回大气层后,准备打开降落伞以减缓飞船速度时,科马洛夫发现无论用什么办法也无法打开降落伞了。地面指挥中心采取了一切可能的救助措施想帮助排除故障,但都无济于事。经请示中央决定将实况向全国人民公布。

　　当时播音员以沉重的语调宣布:"联盟一号"宇宙飞船由于无法排除故障,不能减速,2 个小时后将在着落地附近坠毁,我们将目睹民族英雄科马洛夫殉难。

　　在人生的最后 2 个小时,科马洛夫的亲人被请到指挥台,指挥中心的首长通知科马洛夫与亲人通话。科马洛夫控制着自己的激动:"首长,属于我的时间不多了,我先把这次飞行的情况向您汇报………"生命在一分一秒中消逝,科马洛夫目光泰然,态度从容,他整整汇报了几分钟。汇报完毕,国家领导人接过话筒宣布:"我代表最高苏维埃向你致以崇高的敬礼,你是苏联的英雄,人民的好儿子……"当问及科马洛夫有什么要求时,科马洛夫眼含热泪:"谢谢,谢谢最高苏维埃授予我这个光荣称号,我是一名宇航员,为祖国的宇航事业献身我无怨无悔!"

　　领导人把话筒递给科马洛夫的老母亲,母亲老泪纵横,心如刀绞,泣不成声。她把话筒递给科马洛夫的妻子。科马洛夫给妻子送来一个调皮而又深情的飞吻。妻子拿着话筒只说了一句话:"亲爱的,我好想你!"就泪如雨下,再也说不出话来了。

　　科马洛夫 12 岁的女儿接过话筒,泣不成声。科马洛夫微笑着说:"女儿,你要坚强,不要哭。""我不哭,爸爸,你是苏联的英雄,我是你的女儿,我一定会坚强地生活。"刚毅的科马洛夫不禁落泪了:"爸爸要走了,告诉爸爸,你长大了干什么?"

"像爸爸那样当宇航员!"女儿哭着回答。

"真好,我可要告诉你,也告诉全国的小朋友,请你们学习时,认真对待每一个小数点,每一个标点符号。要记住这个日子,以后每年的这个日子要到坟前献一朵花,向爸爸汇报学习情况。"科马洛夫叮嘱女儿。

永别的时刻到了——飞船坠地,电视图像消失。整个苏联一片肃静,人们纷纷走向街头,向着飞船坠毁的地方默默地哀悼。

后来人们才知道,造成事故的原因居然是地面检查人员因为责任心不强,忽略了一个小数点,才导致飞船在进入轨道后出现一系列故障——右侧太阳能电池阵打不开、无线电短波发射器无法使用、无法准确控制飞船姿态、飞船失稳、姿态不稳定等。

一个小数点算得了什么,不就是一个小圆点吗?可是,在这场悲剧中,就是因为一个小数点,一个小圆点,一个并不起眼的小圆点碰到了一个没有责任心的人,就这样酿成了一个催人泪下的悲剧。这样的一个悲剧,使国家的大笔资金灰飞烟灭,更重要的是一位优秀的宇航员就这样殉难,一个原本美好的家庭遭到了莫大的创伤,母亲没有了孩子,妻子没有了丈夫,孩子没有了父亲,只有无奈,只有伤心,只有凄凉,只有惆怅……

不同的岗位,有不同的工作要求,但无论岗位有多么重要抑或是多么平凡,都需要我们担当责任。只有爱自己的岗位,你才会为之坚持不懈地努力,才会体会出岗位需要承担的那一份使命和责任。

对于个体而言,责任是一个人有所成就的不竭动力;对于团队而言,只有每个人的责任汇聚为整个团队的价值,这个组织才能持续发展,才能真正凝聚力量,走向未来。

歌德说过:"责任就是对自己要去做的事情有一种爱。"我们只有对责任有了深刻的认识,才会对自己工作岗位的责任有一份特殊的理解。

一个有责任感的人,必定是敬业、热忱、主动、忠诚,把细节做到完美的人。在责任感的驱使下，他们会积极挖掘自我潜能，会更加勇敢、坚韧和执著，会充满激情地勤奋工作。由此可见，负责任不仅是一种使命和职业精神，更是一种能力，是其他所有能力的统帅与核心。缺乏负责精神，其他的能力就失去了用武之地。无论一个人多么优秀，他的能力都要通过尽职尽责的工作才能完美地展现。一个不愿意担负责任的人，即使工作一辈子也不会有出色的业绩。

有的人虽然在平凡的工作岗位，却坚信"不是我去选择最好的，一定是最好的选择了我"，兢兢业业、勤勤恳恳、默默奉献、无怨无悔，干出了出色的业绩。平凡与伟大就像小草与鲜花，而平凡多了几分真实、几分坦荡、几分洒脱。平凡不是不求进步，不思进取，而是在平凡中耐得住寂寞，将感情和热血注入工作中去，担当起自己的责任，去实现自己的理想信念与存在价值，虽平凡却高尚！

责任是一种美德。勇担岗位责任的人，一定是恪守职业道德的人。恪守职业道德绝不是单纯地拿规范和准则来约束自己，更不是一句空洞的口号，而是将道德的需要转化为自身的自觉行为，转化为内心的理想追求，将爱岗敬业、诚实守信融化到工作的点点滴滴之中。面对挫折，当冷静从容、沉着应对；面对名利，当恬静淡泊、宁静致远；面对诱惑，当自警自律、知耻知止；面对同事，当宽容大度、内心坦荡；面对责任，更当胸怀博大、勇于担当。我始终认为道德高尚是做人做事的根本，是勇担责任的前提！我们只有学会勇担岗位责任，恪守职业道德，才能实现自己的人生价值。

2.

责任心让你远离诱惑，只钟情自己的职业

责任心是做好工作的必备品质，它让我们专注工作，把工作做到最好，让我们的优点和长处在工作中淋漓尽致地发挥，同时让我们感觉到，

自己目前的工作岗位是最适合自己的,可以说,责任心能帮我们远离职场外的各种诱惑,让我们只钟情自己的职业。

责任心是人生态度的具体体现,是一种人生态度,是一种价值追求,更是一种义务。人生只有一种追求,就是对责任心的追求,就是要清楚地明白什么是责任,并自觉、认真地履行社会责任和参加社会活动,把责任转化到行动中去。实践证明,富有责任心的人无论承担哪一种工作任务,都能比那些没有责任心的人更容易去落实,从而取得成功。因为一个人的工作态度在很大程度上能反映出他担负责任的能力,一个人对待工作的责任心也时刻折射着他的人生态度,而人生态度正是决定一个人一生成就的关键所在。

在每一个人的一生中,责任心将贯穿始终,责任心是一个人、一个民族精神健康的根本标志,是一个国家、民族文明程度的重要标志,也是一个国家、民族、个人充满生机和活力的具体表现。科尔顿说:"人生中只有一种追求,一种至高无上的追求——就是对责任的追求。"

在工作中体现我们的责任心,需要用心才有追求,用心才有激情,用心才能干好工作。因此,我们每一名职场人士都要把责任心作为一种精神面貌、一种工作姿态、一种思想境界,作为一个人必备的思想文化基础和基本职业素质。

一位名叫吉埃丝的美国女记者,有一天来到日本东京,在奥达克余百货公司,她看中了一台唱机,就想买下来作为见面礼送给住在东京的婆婆。彬彬有礼、笑容可掬的售货员精心地为她挑了一台尚未启封的机子。

吉埃丝带着唱机回到住处后,在拆开包装试用时,才发现机子没装内件,根本无法使用。吉埃丝看后火冒三丈,准备第二天一早即去百货公司交涉,并迅速写了一篇新闻稿"笑脸背后的真面目"。

第二天一大早,一辆汽车赶到她的住处,从车上下来的是奥达克余百货公司的总经理和拎着大皮箱的职员。他俩一走进客厅就俯首鞠躬、连连道歉,吉埃丝搞不清楚百货公司是如何找到她的。那位职员打开记事簿,讲述了大致的经过。

原来,昨日下午清点商品时,发现将一个空心的货样卖给了一位顾客,此事非同小可,总经理马上召集有关人员商议。当时只有两条线索可循,即顾客的名字和她留下的一张美国快递公司的名片。于是百货公司展开了一场无异于大海捞针的行动。打了32次紧急电话,向东京的各大宾馆查询,没有结果。于是,打电话到美国快递公司的总部,深夜接到回电,得知顾客在美国父母的电话号码,接着,打电话到美国,得到顾客在东京的婆家的电话号码,终于找到了顾客的落脚地。这期间共打了35个紧急电话。职员说完,总经理将一台完好的唱机外加唱片一张、蛋糕一盒奉上,并再次表示歉意后离去。吉埃丝的感动之情可想而知,她立即重写了新闻稿,题目就是"35个紧急电话"。

强烈的责任心,是奥达克余百货公司竭尽全力及时纠正错误的根本原因。如果没有责任心,就不会有这样大海捞针的行动,就不会有及时改正错误的机会,就不会有吉埃丝由感而写的"35个紧急电话"的赞美稿子。

高尔基说,天才就是善于工作,热爱工作,对工作有责任心。用心负责工作,最大的受益者是自己;敷衍了事工作,最大的受害者也必定是自己。只有用心负责工作,把自己和工作融合在一起,像爱自己的家人一样热爱工作,像爱自己的生命一样热爱岗位,真正去享受工作的快乐,才能用自己的行为去实现自己人生的价值。

我们每个员工在工作中都要讲责任心。有了责任心,再危险的工作也能减少风险;没有责任心再安全的岗位也会出现险情。态度往往决定一切。

工作中必不可少而且至关重要的东西就是责任心。无论你是做什么工作的,缺少了责任心,对你来说任何一个工作你都是不可能做好的。因为在你看来,任何事情做得好与坏都是无关紧要的,久而久之也就养成了习惯。但是,我们在工作中,千万不能养成这样的习惯。

责任心是我们这个社会为人处世的基本要求。古人把"知耻近乎勇"视为美德,清人王永彬在《围炉夜话》中也说:"人之足传,在有德不在有位;世所相信,在能行不在能言。"也说明做人要有良好的道德约束和责任心。

责任心是提升能力的关键因素。责任与能力是一个统一体的两个方面，只有相辅相成才能相得益彰。工作必须具备责任，责任在先，能力在后；能力必须由责任来引导，责任必须靠能力来实施。而在坚定责任感的同时，最大化地发挥能力，这才是最大的"责任"。

责任心是干事业的根本保证。不管身处何种岗位，从事何种职业，担负何种职责，要成就一番事业，必须有强烈的责任心，这是干好工作、成就事业的重要前提。责任重在落实。

责任心是我们谋求发展的重要手段。面对职场发展的严峻挑战，需要责任来支撑；参与日趋激烈的区域竞争，需要责任来应对。我们只有有了责任意识，才能集中精力，全身心投入；才能意志坚定，破难而进；才能凝聚力量，创造一流业绩。

3.

责任是杜绝诱惑、做好工作的前提和保证

责任从某种程度上来说，是一种生命的重负，承担起来要经历种种磨砺，同时它也告诉我们：在通往成功满是荆棘的道路上，我们正是借助这种重负的力量才得以前行。正如进入天堂的人所说的"每当我背起一个放满责任的袋子时，我就会获得相应的力量。责任越重，力量越多，所以我走得也越快。"在我们前行的道路中，责任之于我们是一种信念、一种动力、一种毅力。

1997 年的一天，一份远隔重洋的英国函件飞到武汉市鄱阳街的景明大楼。原来是大楼当年的设计事务所来函：景明大楼为 1917 年设计，设计年限为 80 年，现已到期，如再使用为超期服役，敬请业主注意。

景明大楼不过区区 6 层，度过了漫漫 80 个春秋。6 层、80 年，不要说设计者，就是施工人员恐怕也不在人世了。但是这个企业还在，企业的责任还在，竟然还守着这样的一份责任，实现着这样的一份承诺。

责任就是对自己的所作所为负责，对他人、集体、社会、国家乃至整个人类承担责任和履行义务。责任决定工作的态度，决定着其工作的好坏和成败。如果一个人没有责任，即使他有再大的能耐，也不一定能做出好的成绩来。不论你是一名默默无闻的办事员，还是一名管理人员，都应该有责任感，凡事尽心尽力而为。

责任是企业发展和社会进步的重要因素，是我们每一个人做好工作的前提和保证。没有责任，工作就没有压力、没有激情，就没有克服困难做好工作的信心，在工作中就不会废寝忘食，刻苦钻研，认认真真仔仔细细地做事，就只会讲条件，谈困难，要报酬，关键时候，什么程序、制度、标准、质量安全都放到一边，最终马马虎虎做事，酿成严重的后果，给国家和企业带来损失。

责任既是一种权利，也是一种义务；既是一种品格，也是一种境界；更是一种人人都需要学习的文化；既应该是我们对外在世界的客观要求，也应该是我们对自己内在的主观追求，更是人人都应该达到的要求；既是他律，也是自律，没有大小之分，只有尽责与否的区别。无论做什么事情，都要记住自己的责任，无论在什么岗位上工作，都要对自己的工作负责。

作为企业的一名员工，必须培养自己的责任感，提高责任意识，勇敢承担岗位责任和社会责任，珍惜工作机会和工作岗位，努力学习，掌握业务知识，培养担负责任的能力；从身边的工作做起，在工作中不找任何借口，按照程序、制度办事，关注工作中的过程和细节，把责任细化到工作每一个环节中去，认真地思考，勤奋地工作，细致踏实，实事求是，主动处理好分内与分外的相关工作，有人监督与无人监督都能主动承担责任而不推卸责任；努力做好每一件事，圆满完成本职工作，为企业发展做出贡献。

在工作中，做好分内应做的事情，承担应当承担的任务，完成应当完成的使命，做好应当做好的工作即是尽到了责任。对自身而言，责任是我们干好工作的前提。只要我们在工作中承担起自己的责任，对工作尽心尽力、尽职尽责，不管结果如何，我们都是真正的赢家。一个企业的兴亡和成败也是建立在责任的基础上的。如果我们的员工在工作中缺少责任心，这样会给企业带来很大的影响，其实员工和企业之间是一种基于责任的默契关系，而不单单是一种利益上的关系。

责任是使命，责任是目标。责任就是勇气，责任就是智慧，责任就是取之不尽、用之不竭的力量。在公司里，我们只有成为负责的人，成为具有高度责任心的人，成为能够高效执行工作任务的人，才会得到领导的认可，以后再有什么重要的事情领导就会让你去处理，因为他对你有信心，知道你会很负责任地完成它。

一个缺乏责任感的民族，是一个走向没落的民族；一个缺乏责任感的企业，是一个没有前途的企业；一个缺乏责任感的人，是一个什么都做不好的人。一位成功的企业家说过："一个人可以清贫，可以不伟大，但不可以没有责任感。"

在工作中意识到自己的责任，承担起自己的责任，相信你所在的企业会因为你的这份责任感而变得更加强大，而你的人生也会因此拥有更多的精彩。

每一个人，生活在这大千世界里，都有一定的目标，或是为了事业有成，或是为了家庭幸福，或是为了服务于人类……我们都有太多的理想。我们都为自己的明天设计了太多的目标，但是最后有的人实现了自己的目标，而有的人却没有，其中的原因，就是责任在其中起了很大的作用。

我们只有真正体会了责任，感受了生活的艰辛后，才可能为自己每次的犯错或失败埋单。因此，在工作中，尽量用以下几点来要求自己。

1. 在工作中不断学习。时刻警醒自己，知识是永远不会过时的财富。任何富有才能与魅力的贤能之士，都不会背离学习的原则，他们总是不断地充实自我，在不断的学习中领会工作中的要领。在信息高速发展的今天，我们要想跟上社会节奏，就得不断超越自我。在工作的同时不断学习，通过不断地总结来分析每个环节中出现的纰漏与根源所在，利用对比的方式权衡出孰轻孰重，最后做出应有的选择。在工作中不要光考虑待遇的优厚与否，更要衡量自身在企业中能否学以致用，能否在理论与实践中做到不断学习、超越自我。

2. 选自己所爱，爱自己所选，坚持自己的原始想法，永保工作活力。

在每次做出难能可贵的决定时，一定要执著于自己的信念，持之以恒地朝自己的目标与理想迈步。只有在不断地追求与探索中，才会感受到自己的热情，才会坚定自己学习的信仰。同时，在工作中要做到不违背自己工作的良心，尽自己最大的努力为公司创造收益，通过履行责任来传达和表露自己的心声，这样，你在工作中才会平步青云。

3. 不违背自己的职业素养，敢于承担工作中的层层责任，不断地在实践中，感受成功的乐趣。为了做到这些，可以从工作中找到自身的兴趣点，不要追随大众的步伐，坚定自己的信念。当然，在任何领域工作，都不要抱怨社会的不公，不要纠结于领导的能力不够扎实，不要打破自己工作中职业道德底线。

4. 辨别自己的兴趣导向，寻求多元化的发展。工作既要做专才，也要做符合公司需求的通才；既要甘于做基层工作，又要做将才和帅才，因为只有这样你才能对公司发展愿景和远景有更好的认识，对公司现阶段的现状有更好的认知，对自己有更为明确的定位。在寻求自身兴趣时，应该随着工作的经历来进行变更，往往一个人的兴趣导向不会一成不变的，毕竟在真正走上实践的过程中，不同的工作环境会让人感受到另类的工作定位。

4.

诱惑面前抛弃责任，是自毁职业前程

责任是我们在职场生存的基础。如果我们在诱惑面前抛弃自己的责任，就是在自毁职业前程。微软总裁比尔·盖茨曾对他的员工说："人可以不伟大，但不可以没有责任心。"责任心是一个人品格和能力的承载，是一个人走向成功所必不可少的素养。所有成功的人都有一个共同的品质，那就是责任感。

聪明、才智、学识、机缘等固然是一个人成功的必要因素，但假如缺乏了责任，他仍然是不会成功的。一个人要想在社会上立足，就应当把责任融入到自己的生活态度中，无论在工作上还是在生活中，都要提醒自己做一个负责任的人。

林峰和张冠任在一家古董公司工作多年，作为工作搭档，他们工作一直都很认真努力。老板对他们很满意，然而一件事却改变了两个人的命运。一次，林峰和张冠任负责把一件价值昂贵的古董送到码头。

老板之所以把这么贵重的东西交给他俩，是因为他们来公司时间长，对他们充满信任。在去之前，老板反复叮嘱他们要小心。

在路上，他们的车坏了，恰在这时碰到公司的一个熟客户，客户看到那个古董时，一下子就喜欢上了，提出要买，林峰忙告诉客户，古董已经卖出去了，他们此时就是送到码头运到客户那里去。

这个客户一听，激动地说："你们知道吗？这个古董，我寻了几十年，我可以用比原来客户多一倍的钱来买走。"

林峰委婉地拒绝道："这样恐怕不好吧，我们公司早就立下过规定，货物一旦出售，再有多高的价格都不能反悔的。我们要保证客户的利益。"

这个客户很有钱，他见说不动林峰，就用高额的"小费"诱惑道："你们放心，只要你们答应卖给我，我不但会向你们老板出高出一倍的价钱，还会给你俩每人一笔钱，这笔钱完全可以让你们不用上班，自己去创业。另外，如果你们愿意，可以到我的公司来，我的公司很缺少像你们这样懂古董的员工。当然，工资也会比你们现在的高出很多。"

客户的意思很明显，如果他们把古董卖给自己，就不可能在原公司待了，所以，才给出了这样的优厚条件。

不管客户怎么说，林峰就是不答应，坚决地拒绝道："我们是不会做出这种对公司对客户不负责的事情的。"

客户见说不动林峰，就对一旁一直不说话的张冠任说："小张，这工作是你俩负责的，你也有发言权的。"

张冠任这才对林峰说："我觉得古董的价值在于有人欣赏它。既然咱们公司的老客户这么喜欢它，不如做个顺水人情。再说了，他出这么高的价格，又这么有诚意，我想老板在的话，也不会拒绝的。"

林峰执意反驳："不行。我绝不同意。"又对客户说："那你给我们老板打电话问问，他要同意，我就辞职。他要不同意，我就赶快把货送到码头，以免耽搁时间。"

客户却说："在和你们说话前，我就给老板打过电话了，他手机一直关机。"

林峰只好说："联系不上老板，我只能对客户负责。"说完，从车上抱起古董，向码头走去。没走几步，张冠任拦住林峰，说："你等一下，货是老板让我俩送的，你不能擅自拒绝客户，我也有一半的权力来处置。"

看到他俩人僵持不下，客户又把给他俩的好处费涨了一倍。林峰决然地说："你就是给我一个亿，我也不会把古董卖给你的。"

看他这么坚决，客户最后只得放弃。由于这件事耽搁了时间，林峰和张冠任很晚才回到公司。

张冠任趁着林峰不注意，偷偷地先来到老板办公室，对老板说了路上被客户截住想卖古董的事情。只不过，把他和林峰的角色对调了一下。

老板平静地说："谢谢你，我知道了。"随后，老板把林峰叫到了办公室。"林峰，到底怎么回事？码头离公司这么近的距离，你们整整忙了一下午。"

林峰就把事情的原委告诉了老板，但他并没有提到张冠任坚决要卖古董的事情。最后林峰说："这件事情是我们的失职，我愿意承担责任。"

事情的结果是，老板把他俩叫到办公室，笑着对他俩说："其实，那个客户在向你们买古董前，已经给我打过电话说高价买古董了。我对他说，如果他能从你们手中买到就买。他已经跟我说了一切。"说到这里，他对林峰说："林峰，你留下继续工作，我将提你到新开的分公司任副总。"然后又对张冠任说："你明天不用来工作了，辞职理由我想不用我说了吧。"

张冠任被辞后，他给那个买古董的客户打电话，希望能去客户那里工作，打电话时他心想："我被辞可是因为替你说话啊。"

没想到对方接到他的电话后，意味深长地说："说实话，我真的很欣赏你，可你身上少了两个字，让我不敢用你了。"

张冠任忙问："什么字？"

对方淡淡地回答："责任。"

对企业来说，负责是对员工最基本的要求，也是每一个职场中人起码的职业操守和职业道德。那些有责任心的员工不仅能在工作中尽职尽责，做好分内之事，还能够在关键时刻果断地拒绝影响自己工作的各种诱惑。

美国的刘易斯说，尽管责任有时使人厌烦，但不履行责任，只能是懦夫，不折不扣的废物。一个对工作缺少必要的责任心的人，做事情时通常是抱着敷衍塞责的态度，对事情能应付就应付，能对付就对付，而且更经不起诱惑。这样的人，轻者被公司炒鱿鱼，重则自毁前程。

责任心来自责任感，来自于勇于承担自身的责任。有人会诚恳地承认错误，斩钉截铁地说："这是我的错！"能够承认错误是勇于担当责任的开始！面对过失，人们往往优柔寡断，没有及时承认错误的勇气，这样就容易给自己留有时间寻找借口、开脱责任。如果我们诚恳地承认错误，往往会获得老板的谅解。聪明的老板会坚持向前看，珍惜过去，更注重未来。

没有责任的人总是以逃避的方式来面对困难，消极地面对挑战。事实上，越逃避就越躲不开失败的命运，越敢于迎头而上就越能品尝到成功的甘甜。工作中，喜欢逃避的人屡见不鲜，然而逃避始终是件不光彩的事情。爱逃避者常常说"这不是我的错""我不是故意的""本来不会这样的，都怪……""没有人不让我这样做""这不是我干的"，等等。这些都是逃避的借口。逃避责任只能是暂时脱身，很难在工作中获得好的业绩。凡是不愿意多承担责任的人要么就一辈子原地踏步,要么被别人踩在脚下,永远干不成大事业。

对工作负责,让我们对自己有更多的要求。对于不会的,我们可以学会;对于不懂的,也愿意在第一时间弄懂,从而发现工作中的错误,避免可能出现的事故。总之,有了责任,一个人才能在工作中站稳脚跟,才能实现自身的价值,立足于社会。责任感已经成为事业成功和实现人生价值的一种人格品质。每一个职场中人都应该主动地去承担应有的责任。

5.

诱惑面前承担多少责任,未来有多大发展

拒绝诱惑,坚守责任,是我们每个从业者必备的品质。林肯说,人所能负的责任,我必能负;人所不能负的责任,我亦能负,如此,才能磨炼自己。在责任面前,坦然面对是最好的选择。

在责任的背后,往往会有许多诱惑。在诱惑与责任面前,我们要坚守自己的职责,保持自己的天职。乒坛女神邓亚萍,因为始终保持自己的本真,面对金钱的诱惑,她始终清醒地认识到体育才是她生命辉煌的写照。在为体育事业奋斗的艰辛历程中,她始终不满足自己一时的成绩,总是不懈地努力,拼搏进取,让自己为祖国的体育事业做出更大的贡献。正是因为她高度地责任心,才铸就了最后的成功与辉煌。

我国伟大的科学家钱学森,在国外享有极大的声誉。新中国成立后,他毅然决然地回到我们伟大的祖国,为祖国的科学事业默默奉献着自己的一切。记得他曾说过这样的话:"我人在海外,心却系祖国,只要祖国需要我,我可以放弃自己的一切。"他的话语承载着他那颗炽热的爱国之心,他深深懂得自己的职责——科学研究,面对外国先进的设备和优越的条件,他深深领悟到了金钱名利与科学家的神圣使命之间的轻重利害关系。

责任是一种非常重要的素质，是做一个优秀的人所必需的。梁启超说："凡属我受过他好处的人，我对于他便有了责任。凡属我应该做的事，而且力量能够做到的，我对于这件事便有了责任，凡属于我自己打主意要做的一件事，便是现在的自己和将来的自己立了一种契约，便是自己对于自己加一层责任。"

责任也是一种美。责任向来都是与机会携手而行的，它们是成正比的关系，没有责任就没有机会，责任越大机会就越多。如果你是一个负责任的员工，那么问题就绝不会长期存在于你的面前；如果你是一个认真的员工，那么失败也绝不会长期地把你死死缠绕。方法总比问题多，责任加上认真，天下就再无难事。

阿强中专毕业后到一家大公司应聘，当时，和他一起参加应聘的大多是名牌出来的高才生。看到竞争对手都这么优秀，阿强心里也没有了底，特别是面试时，他清楚地听到老板说："我觉得你不适合公司招聘的职位。"可令人奇怪的是，阿强居然又收到了公司的录用电话，那个电话，还是亲自面试他的老板打给他的。

阿强很珍惜这份工作，所以，对工作非常认真负责。工作不到两个月，他就为公司创造了不错的业绩。为此，公司还提前一个月让他转正了。

阿强在公司的工作越来越顺利，有一次他跟着老板到外地出差，老板竟向阿强讲起当初为什么录用他的原因：就是因为一个很小的细节。

原来，面试时，老板经过和阿强交谈，觉得他其实并不适合公司的工作。因此，老板就很客气地和阿强道别。就在阿强从椅子上站起来的时候，手指不小心被椅子上跳出来的钉子划了一下。阿强顺手拿起老板桌子上的镇纸，把跳出来的钉子砸了进去，然后和老板道别。

就在这一刻，老板在心里突然改变了主意，决定留下阿强。老板讲完后总结道："当时我知道你在业务上也许未必适合本公司，但你的责任心的确令我欣赏。我相信把公司交给你这样的人我会很放心。没想到，你果然没有让我失望。"

　　一个在工作中敢于承担责任的人，一定会被老板或自己的上司器重。因为他们知道，只有敢于承担责任的人才会尽最大努力把工作做好。经验不足可以培养，工作中有了失误可以纠正，然而一个没有责任心的人永远都不可能成为一个好的员工。相信所有的领导和上司都不喜欢爱逃避的人。

　　任何一个企业里的领导者都清楚，勇于承担责任的员工、真正负责任的员工对于企业的意义。问题出现后，推诿责任或者找借口，都不能掩饰一个人责任感的匮乏。这样做的结果最终会让你无法晋升，甚至将会丧失工作的机会。

　　责任心是衡量一个人成熟与否的重要标准。一个缺乏责任心的人，在遇到没有人能为他负责的情况时，就喜欢哀叹自己的不幸，抱怨生活的不公。其实，所有的抱怨都是在做无用的减法。

　　有时候，我们敢于承担责任的态度与行为会对周围环境产生积极的影响。面对责任与困难时，我们不但要敢于承担，而且还要敢于承受相应的责备与赞扬。如果自己已经尽力了，就可以通过事实来驳斥别人对自己的指责。但是，如果自己真的有责任，就应该接受别人的责备。如果自己确实没有完成任务，辜负了同事的信任，也不能对自己的同事或朋友撒谎，因为这样会使你们的关系受到严重破坏。

　　责任可以提升我们的能力，能让我们获得更多的、充分发挥自己才能的机会和空间。在我们施展自身才能的过程中，我们也会得到领导、同事更多的认可。一个有责任心的员工，领导更愿意任用他，更愿意给他成长的机会。认可可以换来机会，机会可以换来能力，能力又带来了财富和职位。在这种螺旋式的上升循环中，一个人的能力和价值都在不断地增长。

　　　　某公司要裁员，下岗名单公布了，有内勤部的小灿和小燕，规定一个月后离岗。那天，大伙看她俩都小心翼翼的，更不敢多说一句话，因为她俩的眼圈都红红的，这事摊到谁头上都难以接受。

　　　　第二天上班，小灿心里憋气，情绪仍然很激动，什么也干不下去，一会儿找同事哭诉，一会儿找主任申冤，什么定盒饭、传送文件、收发信件这些她应该干的活，全扔在一边，别人只好替她干。

而小燕呢，她也哭了一个晚上，可是难过归难过，离离职还有一个月呢，工作总不能不做，于是她默默地打开电脑，拉开键盘，继续打文稿、通知。同事们知道她要下岗，不好意思再找她打字了。她特地和大家打招呼，主动揽活。她说："是福不是祸，是祸躲不过，反正也就这样了，不如好好干完这个月，以后想给你们干都没机会了。"

于是，同事们又像从前一样指使她："小燕，把这个打出来，快点儿！"

"小燕，快把这个传出去！"……

面对同事提出的要求，小燕总是连声答应，手指飞快地点击着，辛勤地复印着，随叫随到，坚守着她的岗位，坚守着她的职责。

一个月后，小灿如期下岗，而小燕却被从裁员的名单中删除，留了下来。主任当众宣布了老总的话："小燕的岗位谁也无法代替，像小燕这样的员工公司永远也不会嫌多！"

小燕能留下，就是强烈的工作责任意识给了她机会。

然而，在现实中，很多人却愿意只做自己分内的事情，即使领导或老板要自己做些分外的事，也是先想到这些分外的工作能否转化为工资。这种被动的心态，不会让他们积极主动地去承担一些工作。在他们看来，做的工作越多，承担的责任也就越大、越重，一旦做不好就会带来更多的麻烦。因此，对于工作上的事情，能推的就推，能拒绝的就拒绝，他们不想给自己增添多余的负担。

不去主动负责，不愿更多地承担，这样的员工在工作上只会原地踏步，或者被更积极主动的同事超越。责任就是在这多一次的承担和负责中，让人不断进步。那些在工作上更出色的人，只是因为多一份承担，这也在一定程度上多了一份机会。无论是位高权重的领导还是普普通通的员工，都要有这样的责任意识。不愿负责是对工作的一种逃避；缺少责任意识则是对责任、对自己的一种逃避。

　　也许,逃避可以让你暂时安全脱身,但喜欢逃避的人注定很难在工作中获得好的业绩。因为,你的心灵会被逃避的思维惯性所麻痹。同时,逃避更是对困难的惧怕,是对希望的退缩。逃避是一种心理障碍,如果我们能够善待自己、接纳自己,并不断克服自身的缺陷,逃避心理就可以被征服。

　　在职场上,只有拥有责任,你才能拥有搏击理想的资本;拥有责任,你才会看到职场的阳光;拥有责任,你才拥有了在职场上演绎人生传奇的舞台。

第八章　扛住诱惑，自律让你舍弃职场各种诱惑

"人无自律，不知其可也"。职场上，自律是提高工作效率的
基础，它既让我们的工作更有条理，也能让我们扛住工作之外的
各种诱惑。自律通常有两种表现方式：一种是自己想做的事不
应该做；另一种是自己不想做的事应该做。前者是欲望的诱惑，
后者是安逸的诱惑。这两种自律方式都能考验我们抵御诱惑的
能力，有助于我们形成良好的习惯和品质。

1.

职场诱惑多，自律是一种人生智慧

自律是指在没有人现场监督的情况下，通过自己要求自己，变被动为
主动，自觉地遵守法度，拿它来约束自己的一言一行，自律并不是让一大
堆规章制度来层层地束缚自己，而是用自律的行动创造一种井然有序的
次序来为我们的学习生活争取更大的自由。

"人无自律，不知其可也"。如果在老板眼中，你是个连自己都管不好
的人，他是绝对不会重用你的，因为不自律的人不可能管理好别人或者重
要的事情。即使你本来可以工作得很出色，老板也不会认为你是个可以
担任重要职位的人。而自律是提高工作效率的基础，它可以让你工作得
更有条理。

自律通常有两种表现方式，一种是自己想做的事不应该做，另一种是
自己不想做的事应该做，前者是欲望的诱惑，后者是安逸的诱惑。这两种

自律方式其实都可以考验你抵御诱惑的能力,都对你有很大的好处,有助于你形成良好的习惯和品质,可以帮助你一步步得到老板的信任。

　　白玉霜是我国著名的评剧演员,她演技很高,成名很早,被人称做"评剧皇后"。成名后,她为了做到自知、自律,像没成名时一样练功,不论三伏酷暑,还是三九严冬,一有时间就去练功、练嗓子。
　　有一次,有人不解地问她:"你已成名了,干吗还这么苦练?"
　　她笑笑说:"戏是无止境的。"
　　她平时除了勤奋地练功、练嗓子,还能虚心听取别人的意见,不管什么人,只要给她指出缺点,她都会非常高兴地接受并改正。

　　自律更多的时候是针对自己不愿意去做却不得不做的事情,你如果做了便是自律,不做便是放纵。职场中人的自律就体现在工作中的每件小事里。也许你很不愿意去做这些小事,但如果你克服了这种想法,继续做这些事情,就是一种自律的表现。当老板不在时,你依然努力地工作,这更是一种自律。
　　自律是和一个人的意志相关的,那些意志薄弱的人很难做到自律,而意志顽强的人的自律能力则很强。不要以为意志是天生的,你也可以成为一个自律的员工,因为自律是可以通过磨炼加强的。当然,这种磨炼通常需要一段时间,需要你不断与自身的欲望和外界的诱惑作斗争,需要你一次次地自我挑战。你要在工作中时刻提醒自己自律,当面对一个难题时,不要纵容自己找借口,要对自己严格一点。

　　哈罗德经营着一家小餐厅,但生意并不是很好,只能维持生计,而且十分辛苦。他看到对街的一家麦当劳里的生意十分火暴时,觉得如果自己选择另外一个没有麦当劳、人又多的地方代理一家麦当劳店,同样会赚取很大的利润。
　　于是,哈罗德决定放弃自己的小餐厅,并找到麦当劳总部的负责人,告诉他自己想代理麦当劳。负责人告诉哈罗德,只要他愿意把200万美元的资金投到上面,就可以代理一家麦当劳分店。哈罗德听完就愣住了,他手头的钱离200万美元的距离实在太大了,但是他又实在不想放弃这个好机会。

哈罗德决定从现在开始存钱,他在每个月的月底都往账户中存入1000美元。不管当月的生活多么艰难,他都会定期去存钱,而且为了避免自己因为有事把手里的钱花掉,只要月底拿到钱,他就先把1000美元存到账户中。

哈罗德这样坚持了6年,他的存款仍只有7.2万美元,离代理麦当劳需要的200万美元资金还有很大的差距。但是,他仍然去找麦当劳的代理人,对他讲了自己这6年的经历,也讲了自己所面临的困难,希望负责人把代理权交给他,并保证自己可以如期补上这些欠缺的资金。

麦当劳的负责人听了哈罗德的话,当时并没有说什么,而是让他回家等消息。在哈罗德走后,负责人立刻给银行打电话查证哈罗德所说的是否属实,还亲自到银行询问关于哈罗德的情况。

当银行职员知道他的来意时,对哈罗德大为好评,并告诉了负责人哈罗德这6年来的种种坚持的行为,说哈罗德不管月底是刮风还是下雨,都会如期来银行存款,6年来从不间断。麦当劳的负责人听了银行职员的话,就决定给哈罗德打电话,让他代理一家麦当劳分店,因为他相信,一个如此自律的人是可以取得成功的。这就是哈罗德发迹的开始。

自律对个人的成功很重要,因为对老板来说,要不要重用一个人,不单要看这个人的学历和能力,或者其他人给老板的参考建议,更重要的是从业绩上看这个人能不能为企业创造利润。而一个不善于自律的人,往往都是有私心的,通常也是贪图安逸的,不会给企业带来太多的利润。这种需要人监视才能工作的员工,老板无论如何也不会重用他的。

总之,你想要得到老板的重用,就必须严格要求自己,不要为诱惑和安逸所动。无论在工作中遇到什么困难和诱惑,都要管住自己的脚步,以企业利润为重。职场中的人要学会自律,应注意以下几个问题:

1. 要知道什么是自己该做的, 什么是自己不该做的。只有理性地控制自己的行为, 才能做到自律。

2. 要有顽强的意志力。没有意志力就没有自律, 你要善于把内心的想法变成行动, 然后强迫自己在工作中实施。

3. 自律要从小事开始。正所谓"千里之堤, 溃于蚁穴", 如果对工作中的小毛病不多加控制, 很快就会有严重的后果。

4. 经常反省自己。只有经常反省自己的过错, 才能严格要求自己, 保证下次不再犯同样的错误。

2.

战胜自己, 必须扛住功名利禄的诱惑

在现代这个充满竞争的职场上, 诱惑无处不在, 它暗暗地潜伏在我们周遭, 我们稍不留意就会迷失了自己。一般来说, 诱惑有着娇美的容颜, 有着芳香的气质, 它深深地将你迷住, 然后可能让你丧失斗志, 坠入迷惘的深崖中。当你察觉时, 已懊悔不已, 因为你所失去的是更多宝贵的东西。所以, 要想在职场上立足, 就得战胜自己, 而要战胜自己, 必须扛住功名利禄的诱惑。

我们身边存在着许多诱惑。打从小时候起, 成人就以糖果来诱惑我们, 但这是善意的, 因为要安抚孩子的方法是给他精致、甜蜜的礼物。然而, 如果孩子没有足够的成熟度去分辨, 只知道眼前是一片美好, 很欣然地就接受了。可知, 许多孩童拐骗案也是从小小的诱惑引发的。

身为成年人的我们, 自以为能明辨是非, 抵御诱惑。其实, 许多所谓的成年人也只是小孩, 往往察觉不出诱惑的动机, 轻易地接受了诱惑的甜蜜。有时诱惑就明显地出现在面前, 就像马路上有个大坑, 或许看到坑中有黄金、金钱等的诱惑, 有些人还是选择往坑里跳。

我们人在职场，时时都面临着诸多诱惑，权重的地位是诱惑，利多的职业是诱惑，光环般的荣誉是诱惑，欢畅的娱乐是诱惑，甚至漂亮的时装、可口的美味佳肴都是诱惑……面对这些诱惑，我们该何去何从？答案只有四个字：战胜自己。

> 亚历山大大帝征服埃及后，他在正式接管埃及各郡的那天，一位随侍对他说："大帝啊！您真是太伟大了，瞧！您征服了多少土地与人民啊！"亚历山大回答："你错了！如果我伟大，那么绝对不是因为我征服了别人，而是我先征服了自己；我有许多缺点，但都被我给克服了，所以我才能成功。"就是这样的观念与认知，让亚历山大建立了当时富极一时的马其顿帝国。

可不是吗？如果一个人伟大，那么绝对不是因为他征服了别人，而是他先征服了自己。征服自己的懒惰，征服自己的自私，征服自己的骄傲，征服自己的自卑，征服自己的糊里糊涂，等等。因此，我们人最大的敌人往往是自己！等到自己将坏习惯尽数消弭了，其他外在的挑战与诱惑自然也就动摇不了你的心志。

诱惑就是诱导别人离开自己的思维方式与行动准则，步入歧途。当今世界，纷繁复杂，充斥着各种诱惑。几乎每个人都会遇到形形色色、五花八门的诱惑：功名利禄，金钱美色，"小可一粟一毫，大可金银珠宝"。诱惑的考验无时不在，无处不在。

人生中充满着诱惑，最难的莫过于战胜诱惑，战胜自我，追求卓越，打败各种不良的诱惑，时时超越自我。这样生命会更灿烂，阳光会更明媚，世界会变得更加精彩。

当意志还没坚定、没有把握控制时，就应远离物欲环境的诱惑，以便让自己看不见物欲而镇定自若，只有这样才能领悟到清明纯净的本性；等到意志坚定可以进行自我控制时，就要让自己多跟各种环境接触，使自己看到物质的诱惑也不会使心迷乱，借以培养自己圆熟质朴的灵性。

世界始终都处在永不停息的变动之中，职场诱惑更是充斥在我们周围。在各种诱惑中，也许名和利的诱惑最大了。大名鼎鼎的牛顿就是摆脱不了名利的诱惑，直到晚年还在为个人的名位争闹不休，耗损了许多宝贵的时光和精力。难怪有人说,诱惑就像美丽的罂粟花,在你面前洋溢着芬芳,即使是毒药你也想拥有之。衡量一个人的价值尺度,不仅在于他的能力,更在于不为诱惑所动的定力。

诱惑虽没有牙齿,但能把骨头啃断。古往今来,有多少人因经不起花花世界的各种诱惑而让自己身败名裂、遗臭万年。因此,我们只有战胜自己的欲望,才不会成为诱惑的陪葬品。尽管别人花样百出,其又奈我若何?一位哲人说过:自我控制是最强者的本能。离诱惑远一点,最好的办法就是"管住自己",管住自己的嘴、手、心。

在职场上,只有那些有理智的人,才会有惊人的毅力,从而让自己在充满诱惑的旅途上轻松奔驰。这不是他们不曾受到诱惑,而是他们很快察觉到自己沉浸在诱惑之中,很快就会挣扎出来。他们战胜诱惑的最大资本是能战胜自己。

战胜自己,需要我们有一份淡泊的心态。唯有淡泊名利才能明志,唯有保持心灵宁静才能悟到大道,达到宁静致远的境界。当我们怀有一份淡泊的心态时,无论身边的世界如何变化,能在变幻莫测的环境中保持心灵的宁静才是一种真正的宁静。

在这种心灵的宁静之中,一切烦躁、诱惑就只有逃之夭夭了。诸葛亮说:"淡泊以明志,宁静以致远。"许许多多的人们在功名利禄的诱惑之下,怀着"人在江湖,身不由己"的无奈,诸葛亮的这句名言无疑是吹来了一股清风。要想在喧哗繁荣的尘世中保持心灵的宁静,要想在春花秋月、夏雨冬雪的更迭交替中感受到自然之美,要想使自己沾满世俗的心灵得以净化和升华,就得用淡泊、宁静来洗涤、安抚自己躁动的心灵,当心灵静下来时,周围的诱惑就自动退去。

身处现在的职场,你一定要沉下心、沉下身,用淡泊宁静的心态去工作生活,做到知可为而为,知不可为而不为;知其该为而为,不该为而不为,在纷纷扰扰的世界上,即使是山高路远,潭深涧险,也能体会出"小桥流水"的美好画卷!独享工作的快乐。

3.

控制情绪，拒绝职场虚荣的攀比诱惑

当今社会，简直就是一个充满诱惑的世界，职场更是诱惑多多，而有一些诱惑则是来自职场虚荣的攀比。比如能力不如自己的同事换了一份高薪工作；昔日的同学年薪几十万；同办公室的同事这个月拉了一个大单，将比自己多拿几千块……类似的诱惑不胜枚举。此时，如果你控制不住自己的情绪，就很难抵挡住这些诱惑，一旦被诱惑所控制，你将会成为诱惑的奴隶，每天被诱惑所淹没，让自己无心眼前的工作；如果你勇于抗拒诱惑，并且保持自我，你就能做好自己的事，成就自己的辉煌事业。

攀比心谁都会有，职场中有攀比可能并不是件坏事，它可以催人奋斗，在攀比中发现人外有人，天外有天，才不会发生职场道路原地踏步的情况。但攀比时千万别光顾着眼红别人，而自己没有任何行动，那就显得太盲目了。

俗话说一个巴掌拍不响，攀比除了自身主观忍不住去想别人的优越外，同时还因为大多数人喜好在外面夸耀自己，从工作、房子、票子、身体、孩子……总之夸耀攀比的内容数之不尽。

人在职场，攀比是进步的原动力，区别只是攀比后的心态和行动。一味不平，找不到原因，什么都不做，留在心中不是阵痛、折磨就是愤愤不平，那结果便可想而知。可如果攀比后发现自己的短处，立即行动，迎接你的便会是成功与掌声。

有许多人在一起工作，总免不了比一下，今天可能是比谁的衣服好看，明天可能是比谁赚的钱比较多，后天又比某某男友或女友是富二代，总之能攀比的内容各种各样。有人说攀比是不好的情绪，会让人因为攀比迷失自己，对于事情的看法过于执著。但事实上攀比是让人进步的源泉，正因为有攀比这样的心态存在，人才会不断地去追求、去奋斗。

在每个人的心里都会有阴暗面，忍不住会有和别人比东比西的想法，可能连他自己都没有发现,比如同一个公司、同一个部门的两个人,他们就会想去了解对方的薪资是多少、对方在哪些方面比自己突出、对方哪种能力比较强、对方什么地方更受上级领导的关注,这种行为便是人潜意识的攀比,渐渐地,许多人会把这种潜意识的攀比当成自己平日生活、工作的一部分。

　　程佳是外企一名白领,工资很高。可是她突然决定要换工作了。原因就是和她一起进入公司的同事李平要升职了。

　　原来,不论何时何地何事,程佳总喜欢自觉不自觉地同别人攀比一番:自己买了件新衣服,想方设法地到同事面前显示一番;自己的孩子考试得了第一名,她也以最快的速度让同事知道;家里买了私家车,她也开着去上班,在同事面前炫耀一番。而一旦看到别人在某些方面比她更优秀,她心里就像打翻了五味瓶,不是个滋味……

　　她有个女同事,找了一个长得英俊的男朋友,她心里受不了了,千方百计地打听同事男朋友的情况,后来得知对方是离了婚的,还有一个6岁的女儿时,她才释然,觉得对方再漂亮,也是个二婚。

　　她在大学同学的聚会上,听说班上成绩不如她的一个男生,和她一样在外企,但工资比她高时,她在心里一比,觉得自己吃亏了,就想跳槽。私下里投了几份简历,也面试过几次,都因为没有目前的工资高而不得不放弃。而同事李平的升职,让她又决定换工作了。

　　在她眼里,李平几乎一无是处:人长得不漂亮,也不会穿衣服;说话声音不好听;人比较笨,别人花一天的工作,李平得花一天半;对工作敬业到经常在家里加班……程佳甚至觉得李平和自己真是没有可比性。

　　可就是这样一个让程佳瞧不起的人,居然被公司提拔为主管,不但职位上升,工资也涨了500,加上李平工作很努力,每个月的业绩都比程佳高,所以拿的提成也比她多。如此一来,一个月李平比程佳多拿几千块钱。这么一比,让程佳心里极不平衡。

150

一连好几天，程佳都不理李平，也没有心思好好工作。看到她状态不好，身为部门领导的李平就找她谈话，原意是想为她排忧解难的，没想到程佳趁机会把李平狠狠地讽刺了一顿，盛怒之下的程佳言语极其尖刻，竟然说李平的高职位高薪是靠"年轻貌美"上位的。

程佳一气之下的话除了给李平带来痛苦，她本人也遭到公司领导的批评。加上平时程佳经常因为与同事攀比而与人争吵，所以，她的人气在办公室大跌，许多同事都躲着她。在四面楚歌声中，程佳只得辞职走人。

令程佳更难过的是，新找的工作不是工资低，就是太累了，与她之前的外企工作比起来，简直是天壤之别。这么一比，她只有继续找工作。现在，程佳找工作找了快半年了，仍然没有合适的。

职场"攀比"很容易让人陷入无休止的攀比状态，会让自己在职场中处处争强好胜，时时惦记着出人头地，生怕自己在某些方面落在别人后面或技不如人。时间长了，不但会导致心理失衡，影响身心健康，还严重影响自己的职业前程。

身处职场的我们，千万不能有这样的攀比心态，因为好工作是靠自己脚踏实地来做出的，而不是通过攀比获得的。要让自己摆脱这种职场"攀比诱惑"，就得克制情绪，不要让虚荣心驱使下的攀比心来阻挡自己的职业前程。日常生活中，不妨从以下四点来提醒自己。

1. 知足常乐。人生不如意事十之八九，没有谁能够一生都事事如意，一帆风顺的，所谓"万事如意"，只不过是一种美好的祝福罢了。在职场中，我们每个人都会遇到各种挫折和失败，也会遇到各种各样的诱惑。如果我们能够做到知足常乐，就会给自己少添许多麻烦和烦恼。古语说得好：人生一世屈指算，能活三万六千天；家有房屋千万座，睡觉只需三尺宽。细细思量，确有道理。少些欲望，多些满足，我们的生活就会时时充满阳光，胸襟之间时时清风荡漾。

2. 凡人心态。快乐的理由有千万条，不快乐的理由却比较集中：对自己期望值过高。职场中，总有人认为"天降大任于斯人也"，于是便把自己的奋斗目标定得很高,抱定"鸿鹄之志"。而事实上,有很多奋斗目标和远大理想是脱离个人实际、脱离个人能力的。这就给人带来了烦恼。因此,职场中,我们最好能放低心态,抱定"凡人心态",给自己一个能够实现的奋斗目标,或把理想定在自己的能力范围之内,这样,我们就能从自己取得的一项项成绩中看到希望,享受到成功的快乐。时间一长,快乐心情自然形成了。《凡人歌》唱得好:"你我皆凡人,活在人世间。"人活在世上,当多以"凡人心态"看待"凡人人生"。

3. 少设对手。职场中,很多人喜欢自觉不自觉地把同事当成自己的职场"对手",使自己时时处于竞争的紧张状态。其实,职场中哪有那么多对手,更没必要时时刻刻把别人放在自己的对立面上。应该保持平和心态,变"对手"理念为"帮手"理念,提倡"和为贵",因为借力而行总比争斗前行走得快。另外,还要多看到自己的长处,没必要拿自己去套别人的生活模式和人生轨迹。保持个人的独立性、完整性,是成功人生的基础。

4. 宽容他人。一位心理学家说过:"喜欢攀比的人在自己一个人能力有限的情况下,往往会把期望寄托在周围最亲密的人的身上,有的妻望夫贵,有的望子成龙。"这种"期望"一旦没有实现,势必给当事人万分失望甚至是万念俱灰。每个人都有自己的人生和生活轨迹,人各有志,既如此,为什么非要把自己的想法强加于他人身上呢?这不仅是不明智的,也是不切合实际的。因此,在职场上,我们对待身边的同事或是自己的亲人,应该学会宽容,任其发挥长处,而少加干预和指责。

4. 树立自律意识,扛住名企、高薪的诱惑

自律意识就是自我约束的意思。所有值得追求的目标都需要自律才能实现。自律意识对每一个人而言都是一种修为和美德,是基本的道德

标准。正如马克思所言："道德的基础是人类精神的自律。"唯有自律，我们才能有意义地控制自己，有原则地对待事物；唯有自律，我们才能主动掌握自己的心理和行为，在发展变化的时代轨迹上健康前行，安全前行。

在职场生活中，自我约束和自我控制，在成功路上能冲破种种诱惑，让我们勇往直前！

一般来说，自律必须具有以下五个特质，分别是认同事实、意志力、坦然面对困难、勤奋以及坚持不懈。如果把每个词的首个字母取出来，便会得到"一条鞭子"。这条鞭子便是鞭策我们自律的关键。

在工作当中，我们要时刻"鞭策"自己，养成自律的习惯，客观面对现实，用坚强的意志力抵御诱惑，用勤奋努力开创事业，用坚持不懈的精神自律一生。

任何人事业的发展，都离不开公司铁的纪律，更离不开自己较强的自律意识。在事业发展与个人成长的过程中，每一次进步，都与我们的自律分不开。

如果没有自律，当工作出现困难时，我们就会选择逃避而不是攻坚克难；没有自律，我们会破坏公司制度而不是自觉遵守；没有自律，我们在岗位上可以选择随波逐流而不是兢兢业业履行职责；没有自律，我们即使面对机会，也很可能成为情绪、欲望和感情的奴隶而难成大业……

张峰杰是我国北车集团永济电机厂工模具分厂模具高级钳工。2003 年 10 月，他参加全国职工职业技能大赛，荣获钳工第一名。他先后荣获"全国技术能手"、山西省"特级劳动模范"、中国北车集团"技术标兵"称号，获全国"五一劳动奖章"，2005 年 2 月被永济电机厂评为"金蓝领员工"。

获得了如此多的荣誉让张峰杰名声大噪。一些企业慕名而来，千方百计想把他"挖"走：有的企业开出年薪 10 万元，有的开到 20 万元，有的开到 30 万元甚至更高。面对高薪的诱惑，两年过去了，张峰杰依然没有走。但是不少人却捏着一把汗，年薪 10 万元，他没走；20 万元，他没走；50 万元，他还没走……但如果这个价码一直往上加呢？他能抵制如此高薪的诱惑吗？毕竟，他那时的工资还不到 2000 元啊。对于他能不能走这个问题,张峰杰公司的领导和同事心里都没有底。但有一点不容置疑,就是以他目前的水平,他是可以胜任年薪50万甚至更多的工作的。

当时,领导和同事觉得,张峰杰离开公司是迟早的事情,虽然公司也给了他奖励,但与那些大公司相比,还是不值得一提的。让大家万万没有想到的是,一直在多年后的现在,张峰杰依然留在公司里,踏踏实实地工作着。后来有好事者问他不离开公司的原因,他微微一笑,说道:"我在这里工作得好好的,干吗离开呢?"

直到有一次记者采访他,大家才明白张峰杰不离开公司的原因。

记者问他:"获得冠军对你的生活和工作有何影响?"

他回答:"那次比赛后,我再次获得晋级。厂里奖励我一套100平方米的住房,2004年又派我去成都参加了一年的技术培训,我现在是企业的首批'金蓝领员工',享受高级工程师津贴。"

记者又问:"你成名后,听说有好多企业都以高薪聘请你,开的价码很高,你心动了吗?"

他回答:"老实说,有一点点心动。南方有几个私营企业,开价在二三十万元。但是我想,他们更看重我的名声,而不是我的技术。"

记者:"你现在的收入和其他企业的同等职工比起来,是不是差距很大?"

张峰杰:"我在首钢参加一个活动,首钢高级技工学校的校长问我一个月能挣多少钱?我说不到2000元。他说那你来我这儿,我给你翻两番。"

记者:"你拒绝了这些高薪诱惑,原因何在?或者说,你为什么不走?"

张峰杰:"我能获得冠军,是厂里给了我机会,而且厂里的领导对我也不错,我的待遇在厂里工人中是很高的。得了冠军后,我出去疗养、学习,发现走出去也挺好的,但我的家在这里,我恋厂又恋家,所以始终没有走。"

记者："如果有这么一种假设，离开现在的企业能使你创造更大的价值，你会怎样做？"

张峰杰："每个技术工人都愿意创造更大的价值，做出更大贡献。关键是自己怎么去做。"

张峰杰没有走。他不走的原因，除了公司给他提供的福利外，更多的是因为他自律意识强，这个因素让他扛住了名企、高薪的诱惑。

作为一名公司员工，我们无论职位高低，都要严格自律，这是必备的基本素质。如今，各行各业竞争激烈，各个公司为聘到人才，给出了很多诱人的承诺。这让我们在职场面对的诱惑更多，经受考验的机会也会更多。

面对社会上那些名企、高薪的诱惑，我们如何才能做好"自律"，让自律自然地成为"工作的习惯"呢？不妨从以下几个方面来做：

1.列出短期与长期的动机，并坚持下去。你若想培养自律意识，动机至关重要。看看贝拉克·奥巴马——接连数月致力于总统竞选，你会发现好动机不可无。若没有好的动机，恐怕奥巴马到如今早已失败或放弃。这对于任何一个长期致力于某一项工作的人来说都是如此。短期动机则是基本的，像有足够的钱养家糊口，或及时助人。这些小事随时随地都会发生，但问题在于能否持久。你若想要培养自律意识，你还得有一个长期动机。一旦找到长期动机，就要细心呵护它。你若想为他人的利益而奋斗，千万不要想过之后就忘得一干二净，而是要时刻提醒自己。当前行的路变得艰难时，就想一想你在为何而战。这么做可以让你坚定决心，继续投入工作中。

2.找出可以给你灵感的人物去模仿。有时我们会失控，有时身边的一切将我们打倒，让我们感觉无法继续前行。所以，在你工作的环境中找一个榜样来勉励自己。比如：比尔·盖茨、林肯、贝拉克·奥巴马等你认为是榜样的名人，或许他们并非都是好榜样，但你在心情沮丧的时候，想一想这些伟人的励志故事，或许能使你安静下来。

3."反增法"。反增法就是，即时满足非但不能满足你反而会促使你去寻找进一步的"刺激"。这就叫滚雪球效应，要求很简单：若即时满足在促使你找寻更进一步的满足，你把以上说法反过来用即可。比如，下次在工作中又想看电视的时候,多坚持 5 分钟,而不是像往常那样起身投入沙发的怀抱。如果这个能做到,那下次就努力坚持 6 分钟。每次要分心的时候就这样做。这样一来,你就会不断增加自己的优秀品质而非坏习惯,会增强自律意识。很快,"再坚持 5 分钟"不再困难,你已经步入持久自律的轨道。

4.养成习惯并坚守。习惯是个有力的词。养成持久自律的最好方法就是为自己设定常规。同时记住,"佛与凡人的唯一区别就是自律"。

5.

克制自己,将不必要的欲望关在门外

在职场上,我们的欲望真的无休无尽,月入 3000 的人梦想赚 5000,月入 5000 的就想着 1 万。赚到 1 万的,又盘算着怎么才能少担点风险和压力,多享受点自我时间和空间……于是,我们不断地满足着自己的欲望,并为此付出了更多的时间和精力,但我们同时也失去了很多美好的东西。

其实,在生活中,我们本可以不需要很多的,那都是我们的欲望而不是自身需要的,我们只有学会克制自己的欲望,将不必要的欲望关在门外,才能平静而快乐地工作,生命才会轻松而有意义。

在精英荟萃的北京,毕福拿着一份不多也不少的薪水,扣除每月 3000 多块的房贷,剩下的钱也就只够吃饱穿暖。所以他经常奇怪地说:"咦,我的钱怎么花得这么快?不行,我要找一份更好的工作,赚更多的钱!"这种强烈的职场欲望,俨然成了他人生中最重要的阶段性目标。

很多年前,毕福大学刚毕业时,进了一家国企,月薪不到

2000，有一半都用到了打游戏上，每到月底就穷得响叮当。那时候的他并没有强烈的赚钱欲望，吃饭有免费食堂，睡觉有单位宿舍，还有大把的时间可以挥霍。用他的话说，起点低，欲望就低。

但是，随着职场阅历的增加和实力的提升，人的欲望也逐步攀升。当毕福终于通过跳槽实现月薪5000的目标时，才发现他的目标定得太低了，月入1万才是好本事。于是他惆怅着、徘徊着，并酝酿着实现下一个职场目标。

毕福在做了几年英文杂志采编后，被一家公关公司的老板相中，以1万出头的月薪挖过去做媒介经理。这个价格是他自己开的，漫天要价不是他的作风。没想到，成为媒介经理没多久，毕福又开始感到痛苦了，他再一次深切地觉得，自己当初开价太低了。

"没有加班费也就忍了，一个人干两个人的活也就算了，最可气的是居然没有年底双薪，当时我都没问清楚，以为年终奖是想当然的事！"他开始愤愤不平："税前11000，税后只有八九千，其实一点都不多！如果有更好的机会，我一定会跳槽！"

于是，他的下一个目标的工资铁定是13000以上。

什么是欲望？这就是欲望！人最可怕的一点就是意识到自己的潜能后，不断地增加贪婪的筹码。与此同时，外界的诱惑也趁机而入，扰乱了自己的心，让你不能安心、踏实地做好一份工作。

如果一个人缺乏挑战自己的欲望，浑浑噩噩过一生，这并不是一件好事。可对于旺盛的职场欲望，我们断然不能听之任之，而是应该稍加约束。

欲望不是生活的必需品，欲望越多，诱惑越多，灰心越多，失望越多。只有懂得放弃，我们才能轻松而愉快地活着。孟子说："君子慎独。"品德高尚的人，即使独处，也能严于律己，自我约束。诱惑常常是对我们自制力的最佳考验。要提高自己的自制力，在诱惑面前，我们需要从心出发真正地坚守正直的原则。

几年前，高盛集团前总裁约翰·桑顿放弃了1000多万美元的年薪,以 1 美元的象征性年薪跑去清华大学讲授"全球领导力课程"。慕名前来求学者众多,但他挑选学员的核心标准只有一条,就是是否有强烈的使命感和社会责任感,是否拥有"为人民服务"和"积极影响世界"的强烈愿望。

在已经不需要金钱来证明自己的桑顿看来,衡量成功的标准不是金钱,而是对这个世界的影响力。"首先搞清楚你是谁,你想要做什么,你希望以怎样的方式来改变这个世界,然后采取行动。"他这样建议他的学生。

桑顿的目标听起来似乎很遥远,但事实恰恰相反。我们在职场上踩下的每一个脚印,同样也是我们在地球上留下的足迹。金钱是让人快乐的,事业是让人付出的,成功是让人喜悦的,努力是让人尊敬的。但是,这一切有一个前提,你做的这件事本身有存在的价值。

我们为什么可怜乞丐?用经济学原理来解释其实很简单——乞丐不创造 GDP,他在街头风吹日晒的劳动没有社会价值,所以才可怜。

我们在职场打拼,要想克制自己,在工作前要学会让自己设立目标,只有设定了目标,才有可能将不必要的欲望拒之门外。但实现目标的过程充满了幸福,也充满了痛苦。你痛苦那是因为欲望过多。很多痛苦的根源在于,这种痛苦经常会让我们忘了工作的意义。因此,最简单的方法就是,把目标定得明确一些,在实现目标的过程中,尽量克制自己,在心里和自己来比,想尽一切办法把不必要的欲望拒之门外。这样才有可能让自己轻装上阵。

欲望,是人性的天敌。一个充满欲望的人,必然缺乏凝神聚魂的定力,缺乏拼杀搏击的冷静与威猛。一颗欲望的心灵,必然是无根的浮萍,是缺乏内涵与魅力的"躯壳"。

人不可有太多欲望,特别是在职场上,如果心中装着太多欲望,必定心神不宁,燥气附身,很难坐住凳子上安下心神来工作。这样的人,不要说他的道德操守,就是连最起码的工作责任也很难履行好,工作和事业更是成了浮云,哪还有心思去搭理?

年轻气盛的刘城在一家大公司做业务经理,他一心想着发大财、买豪车、住大房子等梦想，他一边工作，一边背着公司和朋友开了一个小公司，并利用自己在公司的客户资源，经常偷偷地把公司的客户拉到自己的小公司来赢利。

开始几个月，他的小公司赚了不少钱。随着刘城的欲望增大，他居然把公司的商业机密花高价卖给了对手公司。当他看到不费吹灰之力就赚的一大笔钱时，他的欲望膨胀起来了。于是有了第二次、第三次……正当他得意扬扬地数着昧着良心赚来的一沓沓钱时，一副冰冷的手铐套在了他的手腕上。

由此看来，身在职场，我们每个人都要克制自己，让自己克制不必要的欲望。否则，我们就会成为欲望的俘虏，轻则会给自己带来灾难，严重时还会让自己面临牢狱之灾。

在信息社会，公司内部的信息就是价值，就是竞争力，作为员工的我们只有提高自制力，才能加强保密意识。而在诱惑众多的今天，很多人守不住自己的道德底线，很容易就背叛自己的忠诚去出卖别人或公司。我们最恨"吃里扒外"、"吃张家饭，干李家活"的人。凡事有可为有可不为，经受不起诱惑选择良心的堕落最后只能成为职场乞儿。

古人说："人生七尺躯，谨防三寸舌。"无论什么时候，都不要拿诱惑去挑战我们的道德底线，那样会让你走进痛苦的深渊。一位成熟的职业人士懂得管好自己的嘴巴，无论何时何地，他都能运用自己的自制力保守企业的机密。

抵制职场诱惑，关键在于我们要树立正确的人生观和权力观。而树立正确的人生观和权力观，首先要克服权力诱惑带来的贪欲。古语云："贪如火，不遏则燎原；欲如水，不遏则滔天。"

其实，很多人在职场的失败，无不是从"贪"字开始。我们要明白"知足者富，知止者久"的道理。保持重事业、淡名利的健康心态，不为金钱所诱，不为享受所惑，自觉抵制诱惑，谨慎对待自己的工作，才不会在浮华喧嚣的环境下迷失自己。

千里之行始于足下。在职场打拼，就得学会克制自己，时时提醒自己，将不必要的欲望抛掉。当公司需要你做一片绿叶时，你就愉快地陪衬红花；当公司需要你做一棵小草时，你就甘愿为大地增添一抹新绿；当公司需要你做遮风挡雨的参天大树时,你就伟岸挺拔伸展起你的枝叶。无论把你根植于哪方土地,只要你坦坦荡荡,你都会在心灵的净土上活出属于自己的那份潇洒、那份本色。

下篇
耐住寂寞，扛住诱惑，创造美好的职场人生

对于每个人来说，日复一日的工作虽然枯燥难耐，但也是一种被需要，一种被肯定的荣誉，是一种人生价值实现的快乐。我们只有在工作中耐住寂寞、扛住诱惑，在寂寞中坚持、在诱惑中坚守，才能让今天的寂寞孕育明天的成功，让自己把握住生命中最美好的时光，创造辉煌的职场人生。

第九章　忍受寂寞，舍弃诱惑，在工作中体会生命的精彩

工作是人生最尊贵、最重要、最有价值的行为。每个岗位对工作都会有不同的体会和感受，它不但帮助我们实现自己的人生目标和人生价值，更带给我们许多意想不到的收获。因此，我们要想在工作中体验更纯粹的生活，就得忍受寂寞，舍弃诱惑，这样才能让自己在工作中体会生命的精彩。

1.

忍受寂寞，舍弃诱惑，工作帮你实现梦想

现代职场逐步变得五彩斑斓起来，随之而来的是各种诱惑在增多，作为从业者，意志不坚定者会在诱惑面前逐步发生变化，稍不留心，诱惑就会毁了自己的大好前程和美好人生。

诱惑的滋生，大多是因为我们耐不住工作的寂寞，才让诱惑乘虚而入的。在诱惑面前，如果你能忍受寂寞，舍弃各种各样的诱惑，工作不但会给你带来丰厚的物质生活，还能帮你实现梦想，让你成为优秀的职场成功人士。

耐得住寂寞，是一个优秀人士必备的基本素质。当大家都不甘寂寞，热血前行时，他还能耐得住；当大家都不顾原则，不择手段去追逐利益时，他能寂寞地坚守；当大家都退走的时候，他还能凭借着信心和毅力在孤独

中坚持、再坚持，直到黎明的来临。耐得住寂寞也需要在有忍耐力的同时，恪守自己的原则和信念，拒绝诱惑。

利益的诱惑会使人失去理性辨别的能力，会在"再也不能错过时机"的冲动下去追逐诱惑。结果诱惑变成了迷惑，使人迷失了方向，在迷局和乱局中奋勇搏杀，耗尽了体力、精力和智慧，最后在乱阵之中遭受失败。很多人正是因为耐不住寂寞，将自己推到了危险的路上，让自己失去了更多的成功机会。

　　漂亮而睿智的曾子墨现在是中国香港凤凰卫视新崛起的当家花旦。有人称凤凰的女主播在经历了吴小莉、陈鲁豫时代之后，现在已经进入"曾子墨时代"了。应该说，作为一个职场人士，曾子墨的职业生涯还是很成功的。

　　曾子墨生于北京，1991年保送进入中国人民大学，学习国际金融。一年后赴美留学，就读于常春藤盟校之一的达特茅斯大学，主修经济，并于1996年获学士学位。同年加入摩根斯坦利纽约总部，担任分析员，从事美国及跨国的收购兼并工作。1998年回到香港，加入摩根斯坦利亚洲分公司，一年后升任经理。2001年年底加入凤凰卫视担任财经节目主持人，目前主持的栏目包括《财经点对点》《财经今日谈》和《凤凰正点播报》。

　　曾子墨一直心仪的工作就是媒体工作，而做一名女主播，是她多年的梦想。在加盟凤凰时，她不太喜欢念别人的稿子，而是比较喜欢做专题和访谈节目，觉得这样才可以体现自己的思想。凤凰从来不会扼杀人的天性，于是，凤凰卫视给了她一个充分发挥创造力和才能的机会，并让她按照自己的特色来发挥，这才有了后来的财经节目《财经点对点》，这个节目是由她亲手打造的。

　　财经专业的背景再加上坚持不懈的努力，子墨和她的《财经点对点》赢得了无数挑剔的高级白领和财经人士的青睐。

　　虽说有着十分华丽的背景经历和正如日上升的名气，但她在谈到自己蒸蒸日上的工作时，笑着说道："我喜欢自己的职业，同时还有一种责任感，在进入凤凰卫视时，因为随着我国经济的发展，财经的受关注程度提高了，我希望可以通过自己的视角去观察它，做一些思考。财经的话题可能沉重了些，会给人很严肃的感觉，但是，做财经节目一定要耐得住寂寞，经得起各种诱惑。"

在提到自己工作中的快乐和痛苦时，她说道："女主播的工作看似光鲜、耀眼，但也很辛苦。让我感到最痛苦的就是要化妆，现在做《财经点对点》还好一些，在香港做节目的时候每天带妆 8 个小时。我从前是不化妆的，用了化妆品以后脸上过敏，越过敏妆就得越浓越厚，我觉得我至今都接受不了，这是最痛苦的。但我觉得，一个人不管做什么，所有的辛苦、努力和付出都是为了有一个特别快乐和平和的心态，这是最重要的。"

现在，她做财经节目已经有十几年了，这份工作不但没有让她厌倦，反而让她越来越有兴致。虽然在这十多年中有更好的公司向年轻貌美又有才能的曾子墨发出过邀请，但她都婉拒了。因为她明白，外界的诱惑层出不穷，只要忍受住工作的寂寞，才能成就自己的梦想。

她说："任何工作到了一定的时候，都会出现寂寞，这时就需要我们静下心来，用心来细细地体会工作带给我们的寂寞，这种寂寞犹如一枚青橄榄，初尝时，似乎没有什么滋味，细细咀嚼，却回味悠长。"

曾子墨多年如一日地热爱自己的工作，不为外界的诱惑所动，是由于能忍受住工作的寂寞。当那段寂寞期过去后，她才发现，这份工作的乐趣和价值，远非金钱所能够买到的。她对自己工作的那份爱，是寂寞过后心灵的升华。她能把单调的工作做得没时间去想与工作无关的事，这也是她能战胜外界诱惑的原因之一。正因为她能轻松应对工作中的寂寞，能毫不犹豫地舍弃外界的诱惑，才让她在十几年中坚持在自己的工作岗位上，并最终实现了自己的人生梦想。

能够恪守自己的一方净土，才能将诱惑拒之门外，才能得到自己想要的结果。然而，在现实生活中，我们很容易被眼前的诱惑吸引，从而失去自己。诱惑能满足你一时的需要，但终会妨碍你取得更大的成功和长久的幸福。

　　工作和生活一样，有欢乐也有失意。尤其是当我们处在工作的低潮期，处在寂寞的低谷时，更容易受到利益的诱惑，这时更需要把控自己，守住自己的内心。只有这样，才能让自己走得更远。

　　每个人都要看清身边的诱惑，对诱惑多一份抵抗力。守得住自身，虽然失去了一时的"利益"，但却守住了更多的收获。我们需要控制力来同诱惑抗衡，来克制自己的欲望。一位作家说："其实人与人都很相似，不同的就那么一点点。"这一点点，在相当程度上，就是一种自我克制的能力。正是由于对自我欲念的调控，才显现出人性的高贵与光辉。只有克制冲动才能完善人格，才能让自己走得更远。

　　诱惑犹如病毒，我们只有坚定地拒绝诱惑，朝着正确的目标前进，不受外界的干扰和影响，才能守住内心的纯净。正如那些优秀的银行职员一样，虽然天天与金钱打交道而自己却能做到"目中无钱"，这样才有可能是最后的赢家。否则，在五彩缤纷的诱惑中，在光怪陆离的陷阱前，我们稍不慎重，就有可能利令智昏，一失足成千古恨。

　　作为职场人，当你面对工作利益与个人利益相冲突时，当你面对各种各样的诱惑时，你要学会在一粒芝麻与一个西瓜之间，做出明智的选择。也许，某种诱惑能满足你当前的需要，但却会妨碍你达到更大的成功或长久的幸福。因此，请你在职场上屏神静气，站稳立场，耐得住寂寞，扛得住诱惑，让自己成为职场上最后的赢家。

2.

在工作中学习，在实践中收获

　　工作是学习的舞台，它不但让我们实现梦想、体现价值，还让我们学习技能、增长见识。物理学家阿·斯米尔诺夫说："天才不能使人不必工作，不能代替劳动。要发展天才，必须长时间地学习和高度紧张地工作。

166

人越有天才，他面临的任务也就越复杂、越重要。"因此，我们要怀着一颗学习之心来面对工作。

在竞争日益激烈的今天，仅有专业知识和理论知识是远远不够的，我们要能真正学以致用，能在工作中不断提高自身的能力，并将自身的知识系统化、结构化，形成一个适合自身及岗位工作需要的知识体系。这是工作给我们提供的要求，同时更是一个绝好的机会。

当我们在工作中遇到困难时，我们才会在工作中学习，在实践中收获。生活中有了这些，简单的生活从此会被放大、被充实，变得多姿多彩起来。

在一家大型软件公司工作的牛勇，名牌大学硕士毕业，目前从事软件研发工作，别看他做的工作是软件研发，他一直认为自己属于比较笨的那种人，从小到大成就每一件事靠的都是不停地学习，正如他现在的工作。从 2003 年毕业进入公司后，到现在快 9 年了，他一直坚持着在工作中学习，在工作实践中收获失败的教训或者是成功的经验。

对于这么多年都没有换过公司的原因，牛勇说，自己靠的也是"坚持学习"，因为他相信，不论从事什么工作，必须要给自己一个成长期，这个成长期就是坚持学习。

9 年前，刚到公司的牛勇是个很不起眼的毛头小子。虽说是学软件的，还有高学历，但公司并没有马上将他放在软件研发岗位上，而是让他去做最初级的市场分析。面对这样的待遇，很多与牛勇一起进入公司的同学都选择了跳槽，而牛勇则选择了留守，这一干就是 5 年。

在这 5 年时间里，他从最初的一窍不通到后来获得出色的业绩，牛勇靠的就是不停地在工作中学习，在学习中进步。他说："刚开始接触市场工作时，也感到坚持不住，因为很多工作很琐碎，很不起眼，甚至让你觉得很没有成就感。但我也想，刚毕业没有实践经验，而且自己又年轻，为什么不能先在工作中锻炼一段时间呢。任何工作，都是先从实践中开始的啊！"

在工作过程中，作为新人的牛勇，学习的劲头堪比上学时一样,有时为了真正弄懂工作中的问题,他除了问同事外,还要查阅大量的资料;周六、日就跑到图书馆去,找相关的资料来学习,在工作实践中来反复练习。几年之后,他的工作越做越出色,后来被调往软件研发部任部门负责人,从事与其专业对口的软件研发工作。

因为此前对市场十分熟悉,他做软件研发工作也十分轻松,总能捕捉到市场真正的需求点,业绩也很突出。如今,他已是软件研发部门的项目带头人,还经常到各地出差。

别看牛勇现在已经是拿着高薪的部门负责人了,但他业余时间仍然没有停止学习,他现在每月都要花几千块钱来参加培训课程。他认为,只有在工作期间不停地学习,才会在工作实践中有所收获。

"从性格上说,在我没有完全适应一个环境以前,不会轻易选择离开,因为我不会轻易否定一份工作的价值。既然自己选择了,就要坚持。"牛勇评价自己:"我觉得最重要的是,要让自己在工作中多学习,只有把理论与实践完美地结合在一起,才会出成绩的。"

在牛勇身上,我们能够看到他与一般人不同的地方就是学习,这种学习精神是一种耐力和持久力的体现,学习让他得到进步和提升,学习让他对自己充满信心,有了信心,他在工作上才不会轻易退缩,不轻易否定自己,更不会轻易跳槽。更难能可贵的是,在每一份新的工作中,他都能积极地去参与和学习,并把学到的知识付诸实践当中,最终他在工作上有了很大的收获。

在工作中,我们往往会感叹"理想很丰满,现实太骨感"。扪心自问,有多少人能用实际行动逼着自己往前走,而不是坐在那里怨天尤人?

不管你工作多少年,不管你从事什么工作,首先需要磨炼的是自己的职业技能。从学校到职场,从职场新人到经验丰富的老员工,每个人的角色和定位都会发生巨大的改变。如何用最短的时间把书本上的理论、公式、概念、理想模型转化成实打实的方法、经验、技术和业绩,如何在现实的种种不理想状态中找到最优方案,如何尽快察觉自己在哪些方面还没有达到岗位要求，如何确立职业发展目标并一步步为之努力——所有这些，唯一的解决办法就是在工作中多做事、多学习。在一次次成功或者不成功的实践中，答案自会浮出水面。

我们读再多的书，学再多的知识，如果不用于实践当中，都是纸上谈兵。只有在工作中学习，才能体会到难度有多大。也许亲临其境或亲自上阵才能意识到自己能力的欠缺和知识的匮乏。自己在工作中积累了各方面的经验，才能为将来赢在职场做准备。

我们要想在工作上尽快取得进步，除了明确自己想干、能干的专业领域和事业方向外，还要兼顾考虑社会的需求和未来发展前景等外在因素，这是专业选择是否成功的基本保证。

一份好的工作让我们受用一生，不论你的工作是什么，学习和实践都是必不可少的。学习是吹动船帆的风，实践是工作的动力，俗话说，实践出真知，实践育人才。所有的成功都是来自一次次实践。实践除了让我们收获教训和经验外，还让我们收获意想不到的成功。

工作若没有一次次实践，没有一次次实践后的成果，那么你就没有动力，工作就难有起色。工作没有起色，就不能创造非凡的业绩。没有业绩的工作，不但没有意义，还会让你缺乏工作激情，变得疲沓懒散，很可能会让自己一事无成。因此，我们在日常工作中虽然感到很辛苦，但是有辛苦就会有收获，特别是一个人能够在自己有限的人生中，做一点具体的事情，同时能力也相应地得到提高，也许这不是辛苦而是幸运了。

懂得了以上的道理，我们在进入工作岗位之后，就得学会自己来学习、自己来琢磨、自己来研究，在学习、琢磨、研究完了之后，再用实践来做一个验证的过程。也就是说，当遇到困惑的时候，自己琢磨出了结果，但是并不知道对错，这个时候需要拿着自己的研究成果在工作中脚踏实地地做，带着"自己的答案"来工作，将会让你在工作中得到更多的收获。

有时候，我们经常会遇到这样的情况，当工作上出现问题请教别人时，别人向你讲半天，你所知道的知识可能仅限于表面，而若是亲自在工作中实践，说不定一下子就清楚了，就有效果了。因此，我们要想在工作上有新的突破和成就，就得主动学习和探索，不停地在工作中尝试，这才是快速提升自己工作能力的有效手段。

努力认真地工作，毫不吝惜地投入你全部的爱、热情和精力。你应该要做到：不要让自己降低标准去适应工作，而是要努力提升自己的能力、提升工作标准、追求卓越。能干到最好就不干到次好。每一次困难都是一次成长的机会，任何一个障碍都把它看成是一个超越自我的契机。不要在意别人怎么看你，最重要的是你怎样正确地看待和评价你自己。真正伴你一生的不是别人，而是你自己和你所拥有的能力！

3.

在诱惑中成长，在工作中做最好的自己

关于诱惑，曾经有这样一个故事：

> 太平洋不拉斯岛蔚蓝色的海底，原本是一个安谧平静的世界，生活在那里的鱼类互不侵犯，和平相处。但是在深海的一隅，有一块巨大的方石，被人称为魔方石。不管什么样的鱼种，只要游到魔方石附近，就像染上了一种魔力，性情大变，常常与其他鱼种发生激烈冲突。就连平时最温和的鱼，都会变得异常凶猛，挑起一场场血淋淋的战争。

到底是什么扰乱了这些鱼的心智呢？生物学家通过研究发现，原来魔方石本身有一种吸附力，会把一些小鱼吸附在石壁上，这些小鱼经过氧化，会变成一种十分可口的食物。不仅如此，魔方石的石缝里有一股股温暖的泉水涌出，还藏有许多的洞穴可以做窝。更神奇的是石柱表面还布满了一种可以发光的水晶石，这种水晶石，对鱼的刺激很大，可以使它们兴奋起来。也就是说，魔方石从吃到住，到精神的需求，都一应俱全。因此鱼儿们只要游到魔方石附近，便会产生一种强烈的占有欲，有的希望在那里获得一口食吃，有的希望能居住在魔方石的洞穴里，更有甚者希望把魔方石永远占为己有。在利益的驱使下，鱼们便失去了理智，变得疯狂凶残，不顾生死地互相争夺领地。

随着社会的发展，各种诱惑纷至沓来，身在职场的我们，每天都处在充满各种诱惑的环境中，我们也唯有在这充满诱惑的环境中成长，自觉抵制各种诱惑，才能在外界环境的不断变化中坚持做好自己的本职工作。

在工作中，行所当行，止所当止，取所当取，是拒绝诱惑的最好办法。著名作家林青云曾经说过："一个人面对外面的世界时，需要的是窗子，一个人面对自我时，需要的是镜子，通过窗子才能看见世界的明亮，使用镜子才能看见自己的污点。其实，窗子或镜子并不重要，重要的是你的心，你的心广大，书房就大了，你的心明亮，世界就明亮了。"我们在面对诱惑时，一定要像清水中的芙蓉一样选择气质，像燃烧的红烛一样选择品格，像展翅腾空的雄鹰一样选择信念。

诱惑的坏处就是分散我们的注意力，耗散我们的精力，让我们无法正确思考，以至于失去正确的前进方向。我们的精力是有限的，在一方面付出的多了，另一方面就少了。诱惑就起到这样一个作用：它让我们在应该付出努力，聚精会神，全力以赴的地方停止前进，在应该克制的地方松懈。它起到的是糖衣炮弹的作用，因为不能抵御诱惑，我们辛辛苦苦积攒的成就可能顷刻间土崩瓦解。在职场上，我们对一种诱惑的选择，往往意味着对一种机会的放弃。

当今职场，纷繁复杂，到处充斥着像魔方石这样的诱惑，功名利禄、金钱美色，形形色色，五花八门。我们要学会拒绝，因为只有拒绝，才能珍惜眼前拥有的价值。拒绝了不良的诱惑与习惯，我们的选择会更加丰富。

在工作中，我们只有经受住了各种诱惑，才能在诱惑中成长，让自己在工作中做最好的自己。

小苏是一个真诚、认真的人，他清楚地知道自己的优势和劣势，对职业的要求很实际，只希望能找到一份自己能够胜任并且喜欢的工作，然后勤勤恳恳地做到最好。

经过一番努力，小苏果然找到了一份自己喜欢的工作，在一家外商独资企业的客户服务部任助理职位，工作内容主要是通过电话拜访，及时获取用户的各种需求信息，并及时提供给各相关部门、接待来访等。

这份工作薪水不高，但工作期间经常和一些有实力的大公司联系，这在某种程度上，拓展了自己的人脉。小苏的很多同事，因为聪明、机智，和客户关系非常好，最后有的竟然跑到客户公司工作了。在小苏来之前，他的同事在公司最长时间都没有超过两年。

每当小苏工作时，他的一个同事就向另一个同事抱怨说："我是不会干太长的，我每天一想到自己的工作除了打电话就是接待客人时，心里就烦不胜烦，更让我头疼的是，有时碰到多事的客户，连中午饭也不能按时吃，太寂寞无聊了。短时间还行，长时间谁也受不了。"

另一个同事附和道："是呀是呀，反正我就在这里先干着，等一有合适的就走。"说着看看小苏："你呢，我猜得没错的话，你都干了大半年了吧。"

小苏笑笑说："我目前还不打算换，我喜欢这份工作。"

那同事惊讶地问他："什么？这么没有意义的工作，你也喜欢？我看你是没有见过好工作吧。"

小苏笑着说："我觉得所有的工作做时间长了，都会没有意义的，关键是看我们怎么去把它做得有意义。"

就这样，小苏在自己的岗位上默默地坚持着，他工作认真，对待客户的问题很上心，所以，他每天都很忙，很少按时吃过中午饭。由于工作出色，一年半后他被调往销售部做总经理助理，负责举办产品介绍会、开发客户、销售产品。

销售规模不大，人员精简，闲不住的他成了公司里的"多面手"。他协助总经理制定制度，主管公司行政、财务核算、后勤采购；管理各类文档；办理人事录用、社会保障、各类年检等手续及对外联系；协助总经理完成其他相关工作等。在这个岗位上，他一直工作了5年。公司总经理对他的评价是：工作认真、尽心尽职、忠诚、办事效率极高，是难得的好帮手。在这段时间里，他公司里的同事，由于嫌活太累，走马灯似的换着。只有小苏，为了把工作做到最好，他业余自费参加了很多与工作有关的培训学习。

　　他在公司做的 5 年中，他的工作能力得到较大的提升。后来因为公司规模扩大，小苏被提升为部门主管。3 年后，由于工作业绩突出，公司对他进行过两度提升：从部门主管到主任又到分部副总，随着职位的上升，小苏由最初的月薪 2000 元升到了现在的年薪 30 多万。现在的小苏工作劲头丝毫不减当年，他说："我要争取在未来 3 年内，为公司创更多的价值，以不负公司对我的信任和提拔。"

　　有人问小苏在职场成功的原因，小苏谦虚地说："成功算不上，但我能有今天，是诱惑成就了我。当年我刚参加工作时，看着周围那有才能有抱负的同事跳槽的跳槽，升职的升职，那时也有很多朋友或是好的公司劝我加入他们，薪水也高，我也动过心，不过我想到自己在自己喜欢的这份工作上都没有做出成就，离开这里并不一定更好。所以我就拒绝各种不切实际的诱惑，在自己现有的工作中做最好的自己。"

在职场上，诱惑有时并不一定是坏事。恰恰相反，当诱惑来临时，如果你有足够的意志力来拒绝，那么你就能在工作中做最好的自己。道理很简单，这是因为，当你面对待遇、职位都令你满意的工作而你也很适合那份好工作的跳槽机会时。你却拒绝了，这说明你现有的工作在你心里的重要，已经高于物质了。

　　当一个人不再把工作当成谋生的工具时，这份工作就不再是工作，而是变成心爱的事业。工作最高最佳的境界，便是把工作当成事业。有了这种境界，成功也自然就成了必然。

　　任何时候，我们只有拒绝了不良诱惑，才会做最好的自己。职场也是同样的道理，只有拒绝了来自外界绚烂的诱惑，才能让你发现原来你最爱的是目前的这份工作。

　　身为职场人，在选择自己的工作时，就得在心里明白，自己为什么要做这份工作。如果你已经想清楚了自己要做什么，就找到了自己的方向，同时也会明白自己的价值，有了这些，你就会知道如何拒绝工作以外的各种诱惑，从而能在工作中做最好的自己！

4.

经历寂寞和诱惑，展现自己生命最大价值

在这个浮躁的社会中，我们要想在职场中做到"经得起诱惑"与"耐得住寂寞"，实在有点难度。因为诱惑实在太多了，炒股赚钱、做房地产赚钱，而且钱来得更快门槛也不高。眼看着人家不费力气地大把赚钱，自己辛苦劳作，却所得无几；眼看着人家财大气粗、颐指气使，而我们却仍要在自己平凡得不能再凡的岗位上，默默地工作着。不过，只要你换一种角度去想，就不会有这样的委屈了。

首先要想一想，自己在工作中，除了获得养家糊口的薪水外，还会收获战胜工作挫折的快乐、丰富的实践经验、提升了的素质能力，还能展现自己生命的最大价值，这些才是我们在工作中获得的最宝贵的东西。如果不工作，我们就无法拥有这些快乐和收获。

人生不可能总是欢声笑语，人生在世难免要面对孤独、寂寞。孤独、寂寞使人远离世俗，感觉超脱尘世的一种独立与完整，感觉掌握自我的一种实在与安稳。经历了孤独、寂寞的洗礼，就可以得到升华，完成对人生的诠释，对生命的认识。

每个人都要经受诸多寂寞与诱惑，在风雨中历练过的人生才值得回味和骄傲，没有超越的人生是不完整的。不求名垂史册，但求在平凡的工作中实现自我。在诱惑中寻求价值的所在，不惧怕困难，要耐得住寂寞、经得起诱惑。

其实，工作本身就充满了诱惑。正是有了诱惑，我们才有了拒绝诱惑的信心和勇气，才会不断克服诱惑，解决问题，在克服诱惑和解决问题的过程中，我们会感受到生活给予我们的无限乐趣。

坚硬优质的钢铁，是经过千锤百炼而成的；瑰丽美观的贝壳是经过海水冲烈日暴晒而得的。我们每个人的意志和毅力也必须在火热的斗争中接受严峻的考验，去接受长期的锻炼。只有这样才能在困难面前，永远热

174

情满怀，斗志昂扬。

　　我们每个人都是有社会属性的生灵，当个人离开群体后，人性就会以一种手段惩罚个人，这种手段叫寂寞。在现实生活中，如何面对寂寞，往往折射着不同的人生追求和价值取向。在有些人身上，寂寞是其无能、无为、无聊心态的素描，而对那些"有能、有为者"而言，寂寞，则是对追名逐利、浮躁骄矜的一种睥睨，是对市侩俗气、纸醉金迷的一种鄙夷，是在宁静淡泊中默默耕耘的一种精神境界。正因为如此，惯于寂寞者往往有自己广阔的心灵世界，有自己理想的绿洲和希冀的花朵，更有一颗赤子之心和乐于奉献的情怀。

　　一位留美的计算机博士，毕业后在美国找工作，结果好多家公司都不录用他。思前想后，他决定从最基层做起，于是，就收起所有证明，以一种"最低身份"再去求职。

　　降低身份后不久，他就被一家公司录用为程序输入员，这对他来说简直是"高射炮打蚊子"，但他仍干得一丝不苟。与此同时，公司里那些能力、学历都不如他的人，职位和薪水都比他高很多。他却不为所动，在自己的岗位上辛勤地工作着。

　　不久，老板发现他能看出程序中的错误，这种能力非一般的程序输入员可以比的，于是找他谈话，这时他才亮出学士证，老板立刻给他换了个与大学毕业生对口的专业。他像刚来时一样，认真地做好本职工作。

　　过了一段时间，老板发现他在工作上时常能提出许多独到的有价值的建议，远比一般的大学生要高明。就又找他谈话，这时，他又亮出了硕士证，于是老板又提升了他。从此以后，老板开始特意注意起他来。

　　再过一段时间后，老板觉得他无论是工作方法，还是工作能力，都与别人不一样，似乎要高出很多。就对他进行"质询"，此时他才拿出博士证，此时，老板对他的水平已经有了全面认识，毫不犹豫地重用了他。

　　就这样，他从最初级的程序输入员到目前的高级工程师，用了将近两年的时间，这两年间，他在经历了平凡工作中的寂寞和职场外的诱惑后,终于在自己梦想中的职位上实现了自己的价值。

有人说,天才既需要耐得住寂寞,也需要经得起诱惑。事实确实如此,无论我们干什么事,要想取得成功,就得经历寂寞和诱惑。很多人终其一生一事无成的原因就是,因为他们不能甘于寂寞,更经不起诱惑。

现在职场上,我们经常会碰到这样一些"经历丰富"的同事,他们所从事的行业跨度很大,工业、商业、贸易业、服务业无所不包;他们所从事的职业也没有方向,行政、人事、业务、市场、策划似乎无所不能。我们不排除当中有个别能人属于通才,但更多的情况是因为他们不能忍受寂寞和诱惑。这个职业做得好好的,时间长了觉得赚钱少或是太累,听人说做别的行业赚钱,于是就另谋高就了。他们总是凭着自己的感觉去找工作,找到什么工作是什么工作,找到什么单位就是什么单位,只要薪水不错他们就会怦然心动、欣然前往。他们频繁地跳槽,频繁地变换不同的职业,似乎无所不能,实际上无一见长。

任何一种职业,都存在着优点和缺陷。只要认真分析自己的性格和优、劣势,好好地在自己的工作岗位上坚持到底,必有作为!

每一种职业,每一份工作,时间长了都会使人产生寂寞,让你觉得工作的索然无味。这是每一个职场人所必经的阶段。但不同的是,那些最终获得成功的人,他们的优秀之处就在于,能够把枯燥的工作变为美丽的花土,培育事业之花盛开绽放;优秀的人能够让工作中的人变得脚步轻盈,向着事业顶峰勇敢攀登;优秀的人同样善于展现美丽,"秀"出自己那一腔奋进的热情;优秀的人尊重自己的职业,不拘泥于一种成功的途径,并且能够淡泊从容,在深思和前行中找出最为可行的路、最为秀丽的景。

我们每个人都是这个世界上独一无二的人,每个人都有不同于别人的优势和长处,只要你激发自己这种优势和长处,就会让你收获绝无仅有的经历以及那沉甸甸的成功。

变换方式生活,调整工作空间,实现自我价值,是现代职场人的普遍心态。职场毫无疑问堪称人生价值体现的最大舞台。成为一个优秀的员工无疑是每个有志于取得事业成就的人所必走的第一步。然而,在这个纷繁复杂、人心叵测的职场洪流中,在灯红酒绿、陷阱连连的诱惑中,我们如何能为自己选择一条适合自己、顺达通畅的捷径呢？答案很简单，就是源于一个梦想、一种热爱、一种坚持、一种淡然……

守得住寂寞，方能抵制诱惑，成就事业。如今的世界缤纷多彩，价值取向多元，红尘喧嚣的大环境，对每个人都是一种无形的诱惑。如果说"寂寞"考验的是心境，"诱惑"考验的就是定力。大量事实证明，在诱惑面前，就有人静不下心、守不住神、心浮气躁，导致一事无成。

有人说："守得住寂寞是一种悲壮的美丽，是呼唤理性的天籁，是人生宝贵的箴言。"这话至少传递出两点信息：一是为了守得住寂寞者的这种气度与修养、这种克制与坚守、这种信念与定力，正受着新形势和环境的挑战；另一点就是告诉我们，成功往往只与那些"守得住寂寞"的人交朋友，浮躁才是事业的大敌。

人在职业旅途中，现在所在的点与心目中理想的点之间肯定有很大一段距离。两点间的距离是固定的，但要实现 从这点到那点的路径却有千万条。人们总是被别人的成功所吸引，以为按照别人的步子走，就能实现自己的目标，收获自己的成功。其实，每个人的成功不同，到达的时间也是不同的。成功的路径是一个慢慢摸索的过程，不论怎么走，都不能偏离属于你自己的主线，不能乱了自己的攀爬路。

在人生的磨炼中，从容淡定，是一种气度与志向。在潮起潮落的人生舞台上，洒脱娴静，是一种能力与素养。人生之路，任重如山，唯有这种境界，方能做到在欲望与诱惑面前心无旁骛，在荣誉与屈辱面前镇定自若，在困难与挫折面前矢志不渝，在喧嚣与浮躁面前聚精会神，才能在寂寞中创造辉煌。

5.

在寂寞和诱惑中坚守，让你从岗位中脱颖而出

在职场上，我们最怕的是孤独，最难耐的是寂寞，最不能抵挡的是诱惑，最不易坚定的是内心。职场上无数的事例和自己的切身经验已经从正反两方面证实了这样的判断：因为难以忍受寂寞，所以才容易被事物诱惑、动摇内心的信念；因为对寂寞更有忍耐力，对诱惑更有免疫力，所以才能对抗孤独、抵挡诱惑、坚定自我。

其实，当我们长时间待在一个岗位上时，寂寞往往会成为生活的常态，这时，外界一点小小的诱惑，也会让我们心动不已，稍不留意，就会在诱惑中迷失自己。

在工作中，寂寞和诱惑这对孪生兄弟一直潜伏在我们身边，阻碍我们追逐自己的成功，因此，要实现自己的工作目标，我们每个人都要时刻提防着不被它们打乱了前行的脚步。

寂寞不是人生最精彩的部分，却是人生最不可缺少的内容，而且正是让人难耐的寂寞成就了精彩，正是寂寞地付出，才让我们收获了丰盛的果实。没有寂寞，我们就品尝不到成功的喜悦；没有寂寞，我们就难以让人生变得丰富多彩。

在职场上，我们之所以能很容易感受到工作中的寂寞，是因为担心不被领导赏识、注意，不被周围的同事关注，这些才是我们变得浮躁、变得经不起诱惑的原因。

不甘寂寞的人，都在追求自己想要的辉煌和热闹，而诱惑正是辉煌和热闹中最光鲜的事物。它以更光鲜亮丽的外表，更蛊惑人的内心，吸引人的目光，分散他们的注意力。对于职场人士来说，来自金钱的诱惑，更是事业路途上危险的地雷，稍不小心就会遗憾终生。

不被别人的成功晃花眼，坚守自己的攀爬路，每个人的成功是不同的，到达的时间也是不同的。成功的路径是一个慢慢摸索的过程，不论怎么走，都不能偏离属于你自己的主线，不能乱了自己追求职业梦想的阵脚。

巴尔扎克是举世闻名的大文豪。在未出名时他喜欢上了写作，并把写作当成工作来做。那时，律师是一个体面而收入颇丰的职业。他做律师的父亲看他在写作上过得如此清贫，就坚持让他从事律师职业，却被巴尔扎克坚决地拒绝了。他宁可选择寂寞地蜗居在租来的房子里，靠着借钱度日坚持写作，也不去从事那光鲜但自己却不喜欢的律师职业。

巴尔扎克整整写了3年，这3年当中，他不但没有发表一个字，还欠下许多债务。在那段饥饿、债台高筑的日子里，他为了激励自己，就在使用过的手杖上写着"我能战胜一切挫折"。

就是在如此艰苦的条件下，有朋友曾给他介绍过很多高薪而又舒适的职业，面对诱惑，挣扎在贫苦边缘的巴而扎克依然不为所动，而是沉下心来，在寂寞中坚守着自己的写作职业，终于让他跳过了这个一般人难以逾越的"高度"。

正是他在寂寞、诱惑中的执著坚守，才让他具备了一种坚毅的品格，这些坚毅的品格，为他日后在自己热爱的工作岗位上脱颖而出、为他日后成为举世闻名的大文豪奠定了坚实的基础。

凡事业有成者的足迹均证明：耐得住寂寞的人，看清的是自己面对的时局与环境，牢记的是自己的使命与责任，保持的是旺盛的斗志与激情。凡是能耐得住寂寞的人都是有胸襟、有毅力、有恒心的人。耐得"寂寞"独守一片乾坤，有一腔清醒的见识，可谓是一种境界。

成就远大理想，实现人生追求，需要"八风吹不动，独坐紫金台"的冷静与执著、平淡与坚守。"板凳要坐十年冷"，远离诱惑，敬谢浮名，认认真真做事，清清白白做人。这不是消极出世，而是取别样姿态和情怀处世。从喧嚣中突围，在诱惑前自律，耐住寂寞，求真务实，独善其身，积极进取。

职场生活中，寂寞的我们会遇到很多这样那样的诱惑，它们都潜藏着危险，我们唯有学会拒绝，在寂寂和诱惑中坚守，才能安全地到达成功的彼岸。

　　寂寞和诱惑就在我们身边。正是不甘寂寞,我们才能不断地追求,然而,追求不是盲目地追逐。一旦被诱惑抓住,不停的追求就成了追逐。不断在泥淖里挣扎,只会狼狈、痛苦,越陷越深。耐得了寂寞,扛得了诱惑,人生的路才会越走越宽,才能成就自我。

　　一个人若被这种寂寞围困,感受更多的是孤独和难过。每个人都在对抗寂寞。我们都不甘于寂寞,都渴望某种联系和赏识,渴望快乐和分享。然而,打破这种寂寞,并不是在表层中追逐一时的欢愉、一时的热闹,不是在浮躁中失去目标,而是能沉浸在寂寞中追求长久的行动。寂寞可以是一个人的狂欢,而狂欢也可以是一群人的寂寞。

　　对于眼前的诱惑,我们应该有改变自己的勇气、行动的力量,在寂寞中突围,在突围中坚守。寂寞锻炼了一个人的意志,提高了一个人的能力,增强了一个人改变自己、改变环境的资本。正因为这样,寂寞才成就了一个人的辉煌和精彩。因此,有人称寂寞不仅是人生的底色,更是人生的试金石。耐得住工作和生活的寂寞,在积极中踏实地去改变的人,才会有辉煌的人生。虫蛹化成蝴蝶,丑小鸭变成白天鹅正是在寂寞的等待和美好的坚守中实现的。

　　被诱惑俘虏,人们往往会失去理智,失去判断力,丧失原则,在一时的冲动中将自己"葬送"。为了一时的利益,搭上一生的幸福;为了一时的满足,酿成终生的痛苦。有时,诱惑以更隐蔽的方式存在,让人在不知不觉中失去了原则、信念和人生的动力。只有那些扛得住诱惑的人,往往比别人更多了份坚定,因此,他们也会走得更远。

　　在工作上,我们只有做到,坚持自己的目标还不能被其他的目标吸引,只有坚守自己、不停追寻,才能接近成功。而要做到坚守自己,通常需要做到以下五点。

　　1. 不能头脑发热,轻言放弃自己的工作和行业。每个人在经济大潮里游泳,机遇与风险并存,每个人所从事的行业就像一只股票,高高低低,既随大势,又有自己的独特走势。但是,一个人所从事的行业又不像股票那样可以随时买进卖出。放弃始终是一种失去,如果放弃后不能得到想要的,必然会再次引发"跳槽改行",造成职业生涯脚步紊乱。乱了个人的脚步,成功之路注定会更加蹒跚。主观不发生变故,客观变化会让一个人无所适从，前几年的下岗热潮已经让很多人领教了被动失业的痛苦。这就是职场供大于求的风向标、晴雨表，是职场潜在的危机。如果主观上再人为给自己制造地震，那就危机四伏了。所以，对自己熟悉的行业和工作不要轻言放弃！

2. 学会热爱自己的工作。没有比热爱自己的工作离成功更近的了。你必须爱上自己的工作，以自己的工作为快乐。热爱意味着努力，意味着更多的坚持和发现。在热爱中，付出是一种快乐，坚持也是一件自然的事情。改行的阵痛和苦涩，验证了"隔行如隔山"这个真知灼见。"隔山放炮"，没有准头，对老的行业的积累全部清零，对新的行业从头再来，知识跟不上行业、企业的要求，甚至表现出了基本行业常识的缺乏。非但不会让工作变得更有乐趣，反而更加艰难，甚至还夹杂着后悔。那种前有虎、后有狼的滋味让人进退不得，苦不堪言。然而忧心尚未散尽，烦恼又随之而来，企业的裁员"进行曲"开始吹奏，你会更加自危，感到无力招架。因为在这里，你是没有任何经验的新兵，裁员非你莫属。

3. 能够在底部蓄势待发。当自己处于低谷时，要学会在底部蓄势待发，等待反弹是应对低潮最好的策略。坚持，可以让我们多钻研技术，积累知识成本，多学习一些新知识，从而为以后的发展做好准备。

4. 用积极的心态去工作。试着用积极的心态去工作，把目光投向事物的光明面。做到这一点并不难，而这样做的确可以收到持续的良效。用积极的心态看待事物，影响态度消极的同事，自己的感觉也会好一些。创造属于你自己的特别项目，为公司做出最大贡献，可能你就会在此公司获得更好的发展，你也会更加喜欢自己的工作。

5. 对自我、企业进行充分认识。人在职场，现在的所在点与心目中的理想点之间有很大一段距离，两点间的距离是固定的，但要实现从这点到那点的路径却有千万条。行走路径是一个慢慢摸索的过程，但是，不论怎么走，都不能偏离属于你自己的主线，而工作多年还没有找到最佳定位的职场人士，必须定位在一定的专业能力或经验基础之上。

第十章　耐住寂寞，扛住诱惑，成就辉煌的职场人生

　　耐得住寂寞是一种心境、一种智慧、一种蓄积的惊人力量；扛得住诱惑是一种境界、一种态度、一种坚定的生活信念。当今社会弥漫着浮躁情绪，但身在职场的我们却不能受此影响，因为工作是生活中的重要部分，要想在职场上有所作为，我们就得在工作上耐得住寂寞，扛得住诱惑。这样我们才会一步步远离青涩、摆脱浮躁，让心态变得成熟与平和，在工作上有新的突破和进展，从而成就自己辉煌的职场人生。

1.

在寂寞、诱惑中历练过的职场最值得回味

　　我们做任何工作，都会有一个慢慢过渡的阶段：从最初的满怀激情到适应前的新鲜感，再从适应工作后的熟悉到平淡，从平淡到工作疲惫期的寂寞感，再由寂寞感到重新喜欢上工作后的激情回归。应该说，这个阶段是一个轮回的过程。而每一个阶段对我们来说都是一种考验，我们每经受一次考验，就是渡过了一道难关，攻克难关后的我们，不但在工作技能上有所提升，心灵和思想也会逐渐成熟起来。这个时候再回过头看自己的工作，会让我们像最初那样喜欢它，并且对工作满怀信心。

　　身在职场，最难渡过的莫过于工作的疲惫期了。这时候由于对自己

所从事的工作已经非常熟悉了,就会觉得单调、枯燥、繁琐,让我们在工作中莫名地感到寂寞难耐。耐不住寂寞时的心灵最脆弱,此时外面稍有一点点诱惑,就会让我们毫不犹豫地放弃眼前的工作,尽管此时你已经离成功不远了。因此,当我们在工作中出现寂寞感时,不妨让自己再坚持一下,耐心地守住那份属于你和工作的寂寞感时,诱惑就会悄然离去。

拥有一份在寂寞、诱惑中历练过的工作,是最值得回味和珍惜的。

2011年10月5日,苹果公司创始人史蒂夫·乔布斯过世。他是商业界无畏的勇士,是创新精神的最佳代表,是连竞争对手都会脱帽致敬的英雄。他的神奇来自于他成功地创造三家成功公司,他的神奇来自于他被董事会从自己创立的公司赶走,却又华丽转身回来引领苹果成为世界上伟大的公司之一,他的神奇还来自于他永不衰竭的创造力,从 Macintosh 到 iPod/iTouch、iPhone,再到 iPad。如果他没有这么早离开人世,他还会创造出更新的让世界瞩目和追捧的产品来的。

尽管他身后评论铺天盖地,有赞誉其伟大成就的,也有指出其一生中不完美斑点的,但他对工作的那份执著与追求,那份能全身心投入,那份在工作中寂寞的坚持,那份因坚持而舍弃各种诱惑的意志力,是没有人可以否认的,而且罕有人能与之相比。

1955年2月24日,乔布斯生于美国加州硅谷。1976年,他在大学读了一学期后,就和好友史蒂夫·沃兹尼亚克在居家的车库里创立苹果公司,创业之初,他们没有资金,因为产品还不被外界认可。没有经济来源的乔布斯,生活极度贫困,曾经借宿在朋友房间的地板上,白天到街上去捡5美分一个的可乐瓶子还钱。直到他们的第一件产品苹果一代(Apple I),在位于加利福尼亚州帕洛阿尔托的"自制计算机俱乐部"首次亮相后,业绩节节上升,他们的生活才有所好转。

1980年,苹果股价飙升,一夜之间他和朋友变成大富翁。但乔布斯仍然拒绝享受,他的屋子里没有任何家具,乔布斯回忆说:"那段时间里我仍是单身,家里只要有茶、有灯和音响就足够了。"

1983 年，斯卡利被苹果董事会委任为 CEO，他认为乔布斯营造的创意氛围陷入混乱。1985 年，董事会鉴于乔布斯独断专行，决定解除他在 Mac 电脑部门的职责。事实上，乔布斯被解雇了。

离开苹果后乔布斯并没有一蹶不振，面对各大公司的高薪、高职位的各种诱惑，他一一谢绝。一个人又开始了心爱的电脑工作，不久，他就创立了 NeXT 电脑公司。虽然 NeXT 的电脑在硬件和软件方面有不少创新，吸引了一小批忠实的追随者，但是主流市场对于乔布斯创造的首台 Unix 机器并不买账。1991 年的《福布斯》杂志更评价他犯下了致命的错误，并已经注定将导致 NeXT 电脑公司的灭亡。作为"不成功商人"的乔布斯在花了近 7 年时间之后，终于停止了硬件制造，集中精力销售 NeXT 的软件。事实证明，他的公司最终充当了苹果的研发实验室的角色。苹果于 1997 年收购了 NeXT，并以 NeXT 的软件为基础开发了新一代操作系统 Mac OS X。美国咨询公司 Creative Strategies 分析师蒂姆·巴加林（Tim Bajarin）曾说，"我非常相信，如果没有当年在 NeXT 时的'荒原体验'，重新回到苹果的乔布斯不会有今日这般成功。"

是的，正是那十多年对工作的寂寞坚持和奋斗，让乔布斯的心灵得到洗礼，为他以后的再次成功奠定了基础。

1996 年，苹果董事会背水一战，把乔布斯请回来，次年任命他为大权独揽的 CEO。虽然对他来说，这已经不是从零开始了，但他依然保持着打拼的精神和斗志。每天工作到凌晨，饭要抽出空来才吃，除了吃饭、睡觉，全部的时间就是工作，没有留任何享受的空暇。多年的积累让他对行业了如指掌，抓住新的机会，他带领公司创造出新的产品满足了客户的需求。苹果在 1998 年第四个财政季度赢利 1 亿多美元，惹人瞩目。至今，苹果股东赚得盆满钵满，公司市值超越了微软，成为全球最值钱的科技企业。

乔布斯从 1976 年创立苹果公司开始，除去中间不在位的 10 年，执掌苹果仍然长达 25 年之久。他声称在苹果干活，不是为了钱，所以他只领着1美元的年薪。在 NeXT 公司被收购时，他将所获的价值150万美元股票以最低价出售，只留下象征性的一股。他对自己的团队说："我们的目标从来就不是打败竞争对手或者挣钱，我们的目标是做尽可能不平凡的事情或者更伟大的事情。"

在担任苹果 CEO 的这些年里，他带领团队不断将公司的创造力推到新高，那时他不是为利益而战，而是为心爱的工作理想而战。

乔布斯的人生充满戏剧性，两度创业三次挫折以及晚年与癌症的抗争让人们看到了坚持的力量，挫折与失败永远无法摧毁他执著的梦想。或许我们每个人都可以成为他精神遗产的继承者。

乔布斯的成功一方面离不开他所在的平等、开放、自由的商业环境，更重要的是离不开他对工作的全部投入和寂寞的坚持。即便在他成功后，他仍然能经得起外界奢华生活的诱惑，哪怕只领1美元的年薪，他也要坚守在自己的工作岗位上。

在职场上，耐得住寂寞，经得起诱惑的职场人士，就是真正的大彻大悟。成功者只有能耐得住寂寞，孤独地守着自己的梦想，有时甚至冒着被边缘、被抛弃的危险。当乔布斯再次回到苹果公司，再次成为苹果公司的 CEO 时，其实他已经胜利了。但是他并没有就此停止，而是带领公司不断再创辉煌。成功创业者的成功是永无止境的……

越是伟大的工作越要经历寂寞的洗礼，越是成功者越要忍受得了寂寞，因为只有在寂寞时，才能静下心来，认真思考改进工作的方法，并有足够的时间在工作中实践。正是寂寞，让他们没有时间去面对工作以外的种种诱惑，只是一门心思地为了把工作做好而努力着。

可惜的是，在职场上，有多少人因为无法忍受工作中的寂寞而放弃了近在咫尺的成功。而是舍近求远地选择了追求披着华丽外衣的所谓更好的工作。然而，外界的诱惑虽然色彩缤纷，窗外的风景使人眼花缭乱，让人流连忘返，但最初的冲动过后，往往发现你理想的工作，在时间长了以后，寂寞仍存留在心底的空隙里，难以连根拔除。其实换个角度，只要你耐得住寂寞，把自己的本职工作做好，就会摒弃诱惑的种子，同时会发现，自己所从事的工作才是最适合自己，最让自己快乐的工作。

在这个充满诱惑的社会，身在职场，你只有经受过无数的寂寞和诱惑后，还依然坚持在自己的岗位上时，才会豁然明白，自己所从事的工作，是多么值得珍惜。因此，在工作中，当寂寞来临时，我们要学会蜷缩在自己的工作世界中品味工作的乐趣；当诱惑来临时，那份甘于寂寞的心，才能够阻挡我们不去碰那些诱惑。

在职场上，寂寞中的我们常常会感到无助和渺小，特别是在工作中遇到困难时，就会不由自主地想到过去的失败，想到眼前的挑战，想到未卜的前程，我们就越发感到寂寞和失意，没有人能真正理解自己目前的遭遇，没有人在乎自己现在正承受着多大的压力，更没有人能真正给自己有力的支持和帮助。我们是如此孤独和寂寞，要独自承受这一切，不能不说这是一个煎熬的过程，但我们正是在如烈火般的煎熬下才激发起内心的那种对勇气和坚强的呼唤，犹如在绝境中的那种绝望的呼喊。我们没有退路，求生的本能将给我们来自生命最深处的力量，这力量是如此决绝、如此壮美，我们在这寂寞的历练下获得了从未有过的坚强，来勇敢地面对加载于心灵之上的这一切。

在这个以成功论英雄的时代，没有谁不渴望成功。但是，成功绝不是一蹴而就的，要想有所作为就必须耐得住寂寞，扛得住诱惑……

每个人都像浮在湖面的鸭子，脚掌在水下也要不停扑腾，就是为了不沉下去，怎样让自己浮在水面的时间长一点或者永远浮在上边，这是值得创业者思考的。一个人要耐得住寂寞，扛得住诱惑，还要经得起打击，顶得住压力，这样才能百炼成钢，百忍成金。

有人说："世界上最坚强的人，也是最寂寞的人。"寂寞是世上最刻骨铭心的磨砺之一，寂寞在生命之初就深深埋在人类内心之中，并像种子一样代代相传。寂寞是人心灵中最强大的力量之一，没有人能够逃避它的击打，每个人都要经受这种心灵的砥砺。

在职场中，寂寞与诱惑同行，就像马车的两个车轮一样，互为依靠，共生共存，两者同时支撑起命运的马车向前疾驶。如果我们耐不住寂寞，就会被寂寞吞噬，就会想方设法逃避寂寞，让自己空虚的心灵装满各种杂物甚至垃圾，用外在的物质或关系来满足自己各种未被满足的欲望，用一时的快感、疯狂将自己麻醉。结果,等这些刺激一一消减之后,寂寞又像猛兽一样从心灵的黑暗处苏醒过来,大口大口地撕咬你脆弱的心。没有勇气面对寂寞,就不会在寂寞中思考自己想要的是什么、什么应该坚守、什么应该斩断,就永远只能选择逃避,躲在自己的幻想中来减少现实与期望的差距所带给自己的无情伤害。

寂寞是痛苦的,更是深刻的。只有坦然接受寂寞,学会与寂寞交谈,我们才能领略生命的真义,才能更好地认识自我,反思自己的各种认识,才能不被头脑中的种种虚妄所绑架,迷失在各种痛苦、失落、迷茫之中。只有当我们坦然接受寂寞时,诱惑才会悄然离去。

2.

职场成功多寂寞,职场辉煌多诱惑

随着经济的快速发展,物质日益富足,人们面对的选择与诱惑也越来越多。从居家过日子的柴米油盐到发财致富的秘诀心得,这些都在成为人们抓取的对象。不断索取成了一种普遍的社会现象,贪大求全成了一些人的流行病,他们唯恐遗漏任何一个赚钱的机会,似乎抓住了眼前的就抓住了一辈子的成功。无数的诱惑像鱼饵一样等待我们上钩,诱惑总在考验着人们的内心。

在这个看重金钱名利的社会中,诱惑人的往往是利益。利益是把双刃剑,它既能满足我们的贪欲,也会让我们得不到时痛苦不堪。如果追逐财富是在跑一场马拉松,我们在意的就不能只是眼前,而是终点。在追逐利益的过程中,一个人如果只顾眼前的利益,也许能得到短暂的欢愉。但眼前得到的往往并不一定是最好的,也许它潜藏着危险,也许它挡住了我们的视线,最终让我们吞下失败的结果。无数的事实告诉人们,眼前的诱惑虽然吸引人,但总不能接近,一旦接近便妨碍了更多的获得,忍得了一时才能快乐一世。这个简单的道理,蕴含着意味深长的启示。

每个人的职业生涯都有高潮低谷,而有些人总在职场兜兜转转,多年以后,依然回到原点,无法达到职业高峰。其中,很重要的一点,就是缺乏专注力。下面就是一个在职场打拼多年却依然未能成就事业的年轻人的事例,仅以此引发职场新人的思考,好好规划自己的职业生涯。

梁凯毕业于名校,英语八级,聪明,能干,学习能力非常强,对很多新事物和新知识保有浓厚的兴趣。然而,他毕业不到两年,已经连续跳了 4 家公司了。

他第一份工作只干了不到 5 个月,就提出了辞职。他辞职的原因,是不满他的部门主管,他认为自己的素质、能力都不差,反而在一些水平比自己低的人手下干活,心有不甘,所以才辞职寻找新的机会。

第二份工作,他是直接奔着部门主管去的,没想到只做了 6 个月,开始他以为自己能很快升任主管的,但几个月观察下来,他发现他的上司们都很稳定,离职的可能性很小。与其在这里等待,不如及早离开,另觅新路。

其实,由于他工作能力超强,他在那 6 个月的成长速度已经算很快了,只要他坚持下去,就能独当一面了,以后一定能做到比主管更大的职位。但是,他太急于求成了些,实在耐不住等待的寂寞,虽然公司领导一再挽留他,但他实在等不了了。就这样,他在领导的惋惜声中毅然决然离去了。

他接下来的两份工作,都做得很出色,公司老板也很赏识他,也有心提拔他,但是,公司提拔一个人,是需要时间的。而他总是等不到那一天。在他看来,与其漫无边际地等下去,不如去寻找更好的机会。

在以后的 3 年中,他的职场足迹几乎遍及了他所在城市的大部分角落。他每份工作做得时间越来越短,每次离职后,他都会向朋友抱怨世事之不公,上司有眼不识他这个英才等等等等。他每次离职的原因,总是觉得未来的公司和新的职位,让他充满新奇和向往。这种诱惑让他难以抵挡。

　　一晃 4 年过去了，梁凯不知道自己换了多少份工作了。当他又一次登求职信息时，居然接到以前同事通知他面试的电话。事后梁凯才知道，那位同事是他毕业后第一份工作的同事，现在仍然留在原公司就职，不同的是已经升为分公司的总经理了。

　　这让梁凯很震惊，记得当年他们一起工作时，这个同事的能力很差，与自己没有可比性。可是在几年后，当自己在奔波着找主管的工作时，他认为没什么能力的同事，却成了分公司的总经理。更让他震惊的是，在和同事沟通后，他得知当年那些跟他同时期入职的同事们，甚至那些条件比他差很多的人，如今，好多都已经在这个行业中崭露头角，完全跃升到另外一个层次去了，而他却还在为 10 年前最初的梦想打拼。真是太可惜了。

　　这次事件给梁凯的打击很大，虽然他没有再回到原公司当主管，但同事对他说的一番话让他有所领悟。

　　同事对他说："任何成功都不能一蹴而就的，特别是干工作，需要一个慢慢过渡的过程，既需要我们自身能力的提高，也需要公司制度的完善，我们要有足够的耐心来等待公司的成长，更要能耐得住改变自己过程中的这份艰难与寂寞。"

　　在职场上，要想取得成功，光有机会是不够的，还要懂得舍弃某些看似更好的机会，拒绝看上去更大的权、更多的利，因为有些事情，其实并不像我们想象中那么美好。甚至有很多陷阱。很多人之所以碌碌无为，是因为缺少才华，没有机会。而梁凯则恰好相反，因为他在智力与学历上的先天条件，所面临的问题是：机会太多，诱惑也太多。结果，这些诱惑让他难以静守心中的寂寞，于是，机会变成了他的灾难。一个个很好的机会，他要么没能把握住，要么没能坚持住。更可惜的是，当一个个机会摆在他面前，没有被他好好善用之后，又变成了一个个机会泡沫，而他就这样，在层出不穷的职场诱惑中沦为了机会孤儿——反而失去了成长的机会。

　　一份工作，一种专长，一项本业，做得好，少不了一样东西：耐住寂寞。只有在工作上能耐住寂寞，才能心无旁骛、全身心投入到工作中，无暇去理会那些诱惑了。任何一项工作，只有全身心投入去做了，才能超越常人，能别人之不能。所谓台上十分钟，台下十年功；别只看到别人抛头露面的风光，也要明白，在台下，另有你不曾看见过的十年寂寞、隐忍、修炼、磨炼以及坚持。

在诱惑面前，一个人如果只顾眼前的利益，也许会得到短暂的欢愉，但是最终都逃不掉失败的结果。

人世中的许多事，只要想做，都能做到，该克服的困难，也都能克服，用不着什么钢铁般的意志，更用不着什么技巧或谋略。只要你以一颗朴实的心对待自己的工作，不被外界的事物所诱惑，终有一天会水到渠成，走向成功。

三百六十行，行行出状元。每个人的成功，肯定都有他们的特色之处。但有一点却是共通的。那就是，他们曾经寂寞过。在面对外界的诱惑时，在身边的人都离开时，他们可能也曾经蠢蠢欲动，但他们最终战胜了自己，留在了自己的岗位上。

许凯在销售这行做了十多年，而且是在同一家公司。十多年中，和他一起工作的同事，有的去了更好的公司，有的出去自己单干……而许凯，虽然也被公司提升为副总，但在外人眼里，他的同事谁都比许凯有出息。认为许凯虽然工作能力强，但仍然只是一个打工的。

一年前，许凯所在的公司因扩大规模，他被公司派往国外的分部任总裁，年薪翻番。而这时候，他当年的那些同事，有的因为频频跳槽，不但职位没升，薪水也没涨。自己创业的同事，有的因经营不善被迫停业，有的勉强维持着。

有同事问许凯为什么这么多年守住一家公司时，许凯笑着说："我在公司工作，公司就是我的家。我不走出去，是觉得外面的诱惑太多，身居高位，应酬多诱惑也就多，诱惑多容易走上徇私舞弊、贪赃枉法的道路，应酬多了容易损害健康、导致家庭不和睦。我觉得，要真正让自己抵制住各种诱惑，就得先让自己学会耐得住寂寞，然后凭借自己的努力，一步步地往高处走。"

这就是成功者的成功之道，他们之所以能在职场上获得成功，是因为他们懂得在一粒芝麻与一颗西瓜之间，做出明智的选择。在他们看来，如果某种诱惑能满足你当前的需要,但却会妨碍达到更大的成功或长久的幸福。那就请你屏神静气,站稳立场,耐得住寂寞。一个人是这样,一个企业、一个社会也是这样。

很多成功者的故事告诉我们,职场中虽然有太多的诱惑,但只要我们能守住心灵的寂寞,大胆舍弃、善于舍弃,就是包含着审时度势的智慧、当断则断的勇气,能反映着一个人的素质和能力。

为了全局利益舍弃一些局部利益,为了长远利益舍弃一些眼前利益,从某种意义上讲,是尊重客观规律,是对事业负责任。在很多时候,适时的舍弃胜于盲目的执著,这能让人腾出时间和精力去做更有价值的事情。形象地说,这不过是把拳头收回来,准备再一次出击而已。

现代职场上,有多少能力非凡的人不能很好地发挥自己的才能,就是因为他们或是贪图眼前的利益,或是为了更高的社会地位、更丰厚的收入、漂亮的办公室以及握在手中的权力,将自己推到更危险的境地。

容易被眼前利益诱惑的人不能看得很远,虽然他们会暂时表现得相当出色,但是却缺少一种对未来的把握和规划能力,只停留在现在的水平上。在工作上,他们缺少远见,往往会频繁跳槽。他们总是被眼前的高报酬与高职位所迷惑,缺少对自身长远发展的规划。

能够看得远的人,在工作中更愿意选择能够给自己提供发展平台的公司。他们还要挑一个人,即老板。有抱负的人不会只顾眼前的利益而忽视长远的发展,他们会从中找方法、找机会,以取得最大的收获。如果实现最远的目标需要最强的能力,看得远的人看重的就是能力以及如何提升自己的能力。

在我们的一生中,有太多的诱惑,如不能理性地看待诱惑,选择放弃,我们只会在诱惑的旋涡中迷失自我,在人生十字路口偏离方向,在苦苦挣扎中耗尽生命。

要想在职场上获得成功,我们就得先忍受心灵的寂寞,不被那些次要的、不切实际的东西所诱惑。这样我们的心灵世界才能晴空万里,才能真正地懂得:放弃某些诱惑,其实也是一种美丽的收获,也会有一个更美好的结果。有些东西如果不舍弃,势必成为一种负累。印度诗人泰戈尔曾说,当鸟翼系上了黄金,鸟儿就飞不远了。

3.

寂寞考察人的心境，诱惑考验人的毅力

我们所处的世界是车水马龙、霓虹闪烁、香车美女、别墅洋楼、鱼翅燕窝、鲍鱼熊掌……在这样一个充满诱惑的时代，我们唯有保持淡定，读懂诱惑，才能让自己的人生从此不寂寞。

人世间，唯一可以让我们独享的，大概就是寂寞吧。欢乐可以让朋友来分享，痛苦可以有朋友来分担。唯有寂寞，别人分享不了，分担不了。西哲说："世界上最强的人，也就是最孤独的人。"如果你不甘寂寞，你就必须迁就一下流俗；曲高必然和寡，除非你忍得住寂寞，才能真正做到独享寂寞。人生，就是一段寂寞的旅程，淡定的心境，不为名利所累，不为得失所苦，厚积而薄发。

有人说寂寞是一种如止水的心境，"看天上云舒云卷，观厅前花开花落，宠辱不惊。"也有人说寂寞是一种洞察宇宙的禅意，不再慨叹韶华易逝、人生苦短，不再用"对酒当歌，人生几何"来勉励今生。更有人说寂寞是一种自赏，虽没有鹰击长空的潇洒，却也不乏雀跃青林的风韵；虽没有青松翠柏的遒劲，却仍不乏小草野花的情致。那种涩涩的、无法言语的感觉只能用寂寞来比喻。难怪有人说，寂寞考察人的心境。

心境平了，任凭外面世界的灯红酒绿，任凭花花世界的诱惑再多，纵然是在充斥着各种诱惑的职场，你仍然能镇定冷静，让自己找准方向，专注于面前的工作。

小静和方岩是大学同学，她们毕业后进入某外企工作，由于喜欢这份工作，也满意公司待遇。平时她们工作都很努力。

时间过得很快，一晃5年过去了，这5年当中，公司里换了很多同事，这些同事的工作能力，都没有小静和方岩强；这5年当中，她们在各自的工作岗位上都做出了出色的成绩，公司看她们几年如一日地工作，就提升她们做两个部门的主管。

令人想不到的是，随着职位的上升，昔日勤奋工作的小静，不再像以前那样兢兢业业地工作了。不但爱迟到，而且每月请假次数多起来。

私下里，小静对方岩说："我有个网友说，像我们这种在外企做过主管的人，要是再出去找工作，工资绝对比现在高。他说凭咱们的能力，不做兼职太亏了。他邀请我去他的公司做兼职，薪水、职位都比现在高，如果做得好的话，公司还给我分商品房。"

方岩劝她："现在你职位升了，事情多了，还是想办法把眼前的工作做好吧。做兼职要在不影响本职工作的条件下来做。职场上有些诱惑，听起来很诱人，其实很害人。"

小静笑方岩："我看你在这里做得思想陈旧了，我觉得有诱惑才有动力。不瞒你说，我现在就在那位网友那里做兼职，现在他给了我一间单独的办公室，还配备一辆轿车。"

方岩说："天上不可能掉馅饼，特别是在工作中，如果我们不给公司创造效益，公司拿什么来提高员工的福利待遇呢。他给你这么好的承诺，除非你能在短时间内给他的公司创造巨额财富。"

小静不顾方岩劝说执意做兼职，为了把兼顾兼职，她请假次数越来越多。然而，3个多月后，小静以泄露公司商业机密罪被原公司告到了法院。

原来，小静的网友之所以给小静那么高的待遇，是想从她那里套出原公司的一些商业机密。小静因为经受不住诱惑，就这样把自己的前程耽搁了。

从这个故事中可以看出，要想在职场上安心地做好自己的工作，光做到安于寂寞是不够的，还要学会拒绝诱惑。"乱我心者今日之日诱惑多"。诱惑，考验的是我们的毅力。

古往今来，无数的人因为缺少坚韧的毅力而迷失在了声色犬马的享受之中，迷醉在金钱权利的诱惑之下。曾经的显赫人物，曾经的作战英雄，在权利的盛宴中失去了自我。

　　三国时期，在讨伐董卓之时，曹操被董卓大将文丑追杀，曹操于是布下个小小诱惑——将士下马休息，并将车重丢于道路上。就是这小小的诱惑，从而大败文丑，并取其首级。战国时期，魏国大将庞涓因抵制不了灭齐主力的诱惑，而中了其埋伏，落了个身死人手的下场。楚怀王呢，因不能抵制张仪那六百里土地的诱惑，而身死国灭。由此可见，我们无论做什么，都必须具备抵制诱惑的能力。只有具备顽强的毅力，才能去抵制各种诱惑。

　　如果诱惑是狂风，在我们的心中，毅力就是枝繁叶茂的大树。只要心如明镜，坚守毅力，用坚定构筑起一道明净的绿色的屏障，必能使风止风息，尘埃散尽。

　　天下英雄，唯面对诱惑而能以坚韧毅力克制的人。诱惑是半个死亡，毅力是半个生命。面对诱惑，尼采说："受苦的人没有悲观的权力。"居里夫人曾经说："人要有毅力，否则将一事无成。"抵御感需要毅力，而抵御诱惑又能锻炼我们的毅力。面对诱惑，只有坚毅的人不会倒在诱惑的网中。

　　我们生活在当下，我们生活在这个物质文明充斥的商品社会。诱惑，无处不在，唯有毅力可以帮助我们抵制诱惑。诱惑，就像小孩手中的糖；诱惑，就像人们一伸手就可得到的金钱；诱惑，就像饿极之人，一乞求便可得到的食物。诱惑充满在世界的每一个角落。

　　可以说，我们身边的诱惑无处不在。即使是在生活琐事中也不例外。下棋，对手会用"牺牲小卒"来诱惑你，让你吃掉这颗"棋子"，从而赢得这盘棋的优势，让你一着走错，满盘皆输。这时就看你是否有毅力抵制住诱惑，从全盘考虑了。钓鱼，也需要抵制诱惑，因为开始的时候，鱼儿并没有将钩咬紧，但浮标的上下沉浮却对你充满了诱惑，于是你便提竿，收线，结果却是白忙活一场，竹篮打水一场空。吃饭时，当一道刚出锅的美味菜肴摆在你面前，对这时正饿着的你，是何等的有吸引力呀，这也是一种诱惑，于是，你"饥不择食"，拿起了筷子便吃，却被烫了舌头，痛苦不堪。由此可见，诱惑无处不在，但只有毅力，才可以帮助我们抵制住诱惑。

　　"孙康映雪"读书，被人们传为佳话。可他为什么要映雪读书呢？他不想睡觉吗？不，他不是不想睡觉，而是他用毅力克制了睡觉的诱惑，刻苦攻读，才成为晋代著名学者。王羲之为什么能将池水染黑，因为他的毅力克制了"玩"的诱惑，从而潜心练字，成为一代书法大家——书圣。可见一个成功的人生,需要用毅力来抵制诱惑呀。只有这样,我们才会拥有一个成功的人生。

在工作中,寂寞考察的是我们的心境,不在寂寞中升华,便在寂寞中糜烂;不在寂寞中永生,便在寂寞中腐朽;不在寂寞中战胜自己,便在寂寞中成为奴隶。而诱惑考验的则是我们的毅力,一位作家说:"其实人与人都很相似,不同就那么一点点。"这一点点,在相当程度上就是一种自我克制的能力。正是由于对自我欲念的调控,才显现出人性的高贵与光辉。诱惑的外表是美丽的,但只要我们有坚强的毅力,就会抵制诱惑。因此,在面对来自职场的各种诱惑,我们要用坚韧的毅力把自己摆渡到彼岸,彼岸才有花开。

寂寞是考察一个人能否取得成功的试金石;诱惑则考验成功者是否具有持之以恒的顽强毅力,许多成功人士在取得辉煌的成就之前,不但经过了漫长的寂寞,也是抵制住了前进路上的一次次诱惑,才让自己坚持到最后,摘取了成功的桂冠。

4.

耐住寂寞、扛住诱惑,让你赢在职场

面对诱惑,如果你冲着诱惑而去,那么不管你离诱惑有多远,都是危险的,都是在做把自己的人生"挂"在"悬崖"上的蠢事,随时都有可能把自己的人生葬入万丈深渊。所以,当你面对诱惑的时候,你要做的是离它越远越好,不去碰它。

在一次访谈中,杨澜问崔永元:"你曾经遇到过的最大诱惑是什么?"

"钱!有人让我给那个楼盘剪彩,最高价开到了一剪子50万元。"崔永元回答说。

"那你为什么不去呢？"杨澜问。

崔永元是这样回答的："我觉得我抵御不住那种诱惑，我是没法抑制自己的一个人。所以我想，一旦我爱上了剪彩之后，谁也拦不住我。我唯一的办法是别去碰它，别去沾这个事。"

崔永元的"别去碰它，别去沾这个事"，就是告诉我们，拒绝诱惑、远离诱惑的最好办法和最安全距离。

在职场上，我们每个人都会面临各种利益的诱惑。面对诱惑，一不小心我们就会在心里激起波澜，原来澄澈、纯净、安宁的内心就会变得喧哗、浮躁和功利，迷失方向。因此，要想在职场上有所作为，就得耐得住寂寞，远离诱惑，坚守心灵的一方净土，凝神专注自己的工作。

清道光年间，刑部大臣冯志圻酷爱碑帖书画。但他从不在人前提及此好，赴外地巡视更是三缄其口，不吐露丝毫心迹。一次有位下属献给他一本宋拓碑帖，冯志圻原封不动地退回了，有人劝他打开看看无妨。冯志圻说，这种古物乃稀世珍宝，我一旦打开，就可能爱不释手，不打开，还可想象它是赝品，"封其心眼，断其诱惑，怎奈我何？"

故事中冯志圻的肺腑之言，道出了我们每个人的心声。因为绝大多数人抵御诱惑的能力常常是有限的，是很脆弱的，他也并不例外。所以他选择了战胜诱惑最有把握的办法——守住内心，甘于寂寞，扛住诱惑。

在工作中，当我们为心中的理想而奋斗时，在现实社会中仓促奔走时，我们能够保证自己不陷入物欲的陷阱而放弃心中的道德法则和争议吗？当你去做一件事时，是出于内心的善意，还是出于欲望和恶念呢？孟子说："鱼，我所欲也，熊掌，亦我所欲也；二者不可得兼，舍鱼而取熊掌者也。生亦我所欲也，义亦我所欲，二者不可得兼，舍生而取义者也。"当我们面临选择的时候，像鱼和熊掌，生与义，往往只能选择其中之一，那么我们的选择当然是选择更为贵重的东西。人的生命是贵重的，但是在哲人看来，还有比人的生命更为重要的东西，那就是义，是人间的正义，是人们心中的道德法则。

　　"职场"即是"江湖",我们终日游历其中亦得、亦失、亦悲、亦喜,对于我们是那样的熟悉同时也是那样的陌生,有人说职场亦如赌场,输赢全听天命;也有人说职场亦如战场,输赢全凭实力;还有人说职场亦如围城,输赢看心绪。我说职场亦如舞台,心有多大,舞台就有多大!那么,如何让自己在职场上安于寂寞,扛住诱惑呢,下面几点或许对你有所帮助。

　　1.要懂得摆正位置。上司就是上司,需知任何一位上司的威严都是不可撼动的,上司没有义务同时也没有必要让你知道他的工作内容,而通常他们比你承担了更多的责任与风险,创造了更大的价值与财富。摆正位置既是做事的前提同时也是做人的前提。俗话说:筷子夹菜勺喝汤。如果非要用筷子来喝汤,看来大体上也只有两种可能:其一,喝不到汤,筷子反而失去了原有的作用而变成废物;其二,喝到汤,经过改装后的筷子已经失去自我不再是筷子。上司升职了,下属接班的事情在职场处处可见,弄垮上司自己来做的倒是廖廖无几。

　　2.在工作中要知道安于本分。所谓"本分"也就是本职工作。只有做好了自己的事,才有资格品评别人做的事;只有尽到了应尽的责任,才有可能被付与更多的责任;只有做好了分内的事,才有能力做分外的事。职场中我们往往认为自己所做的工作过于简单而去关注别人的工作。而简单只是事物的外表,内涵则是长时间的单调训练,因为熟才可生巧,巧才相对而言简单。而工作中的多少过失又是因为看上去简单而造成的。把每一件简单的事情做好即为不简单!对自己都无从负责的人,任谁也无法信任,也无法付与更多的责任。

　　攀比与浮躁在职场中满足的是膨胀的欲望而非成功的渴望。"摆正位置,安于本分"是职场大舞台盘石,基础建设决定着上层建筑,盘石不稳则舞台将倾。

　　3.为上司排忧解难,成为上司的鼎力之柱。不要成为上司眼中无关紧要的人;不要成为上司身上的累赘;更不要成为上司工作中的绊脚石。助人即是助己,有用之才才有机会成材。

　　为上司排忧解难是作为下属的职责所在,否则对上司来说你的存在将失去实质意义。成为无关紧要的人将意味着随时可以被炒掉;成为累赘将意味着丢掉你这个包裹将做得更好;成为绊脚石就意味着上司找任何机会必须把你除掉。而避免这三种结果的关键点就是你能否为上司排忧解难，助以一臂之力。事实上管理在某种程度上就是借力，服从管理的表现形式之一就是借上司以他所需要的力。

并非每一个职场中人都可以成为上司的"鼎力之柱"，但如果成为"鼎力之柱"则意味着上司对你能力的认可、倚重及心中的主要地位。被认可的同时又将继续得到更多的、优先于常人的锻炼及表现的机会。职场中的机会往往如凤毛麟角般稀有，每一次把握都有可能成为走向成功的一个支点。尽管是"神通广大"的上司也有无能为力、需要帮助的时候，团队不是一个人的，职场也不是只要一个人就可以走好的。职场虽然不是乐善好施之所，但也有投桃报李之规。

助人者多助，何况帮助的对象是有能力左右你职业风向的上司。"排忧解难，鼎力之柱"犹如职场大舞台的台面，台面搭建的越漂亮，才会吸引更多的观众。

4. 深谋全局，提升价值。不要表现得鼠目寸光；不要表现得急功近利；更不要表现得自私自利。每个人都有价值，大智大勇才可能让自己增值。

不谋万世者，不足谋一隅。这句话对于我们并不陌生，但往往说得出做不到。正所谓：天下熙熙皆为利来，天下攘攘皆为利往。失衡的症结所在不是智商而是利益！企业既是经济实体同时也是利益的结合体，利润是每一位上司的追逐目标，也是企业的追逐目标。不要与上司争夺利益，客观地讲他是"强者"比你更有力量，如果败下阵来的注定是你，那样做就是不智之举。识实务不是懦弱而是明智，谋全局不是退让而是智慧。而人因有智慧才可塑，因谋全局才可以负重任。退一步海阔天空，退一步也见大智大勇。

在公司做有"价值的人"，你才不会被淘汰出局。每个人都有其自身的价值，在职场上，从某种程度上来说，上司认为你有"价值"，你才真的有"价值"，因为他把握着你施展才能的机会。在职场上你的价值绝不是由你自己认定的，而更多的是由你的上司来评判，看看绩效考核的评分比重，再看看晋升审批表上的评语，其中的道理不言而喻。在上司眼中，安于本分你会拥有你的本来价值，自私自利你将贬值处理甚至一文不值，深谋全局、大智大勇才会让你不断增值。就像购物时人们通常都会选择物美价廉的增值商品一样，企业也只选最好的，不选最贵的。

玉不琢不成器,你如美玉,而上司则为琢你成器的工匠。"深谋全局,提升价值"犹如职场大舞台的空间,空间越大,可表演的节目才会越多。

5.

别被浮躁感染,沉得住气方能成大器

在我们的心灵深处,总有一种力量使我们茫然不安,让我们无法宁静,这种力量叫浮躁。对于我们来说,浮躁就是心浮气躁,是成功、幸福和快乐的大敌。从某种意义上讲,浮躁不仅是人生最大的敌人,而且还是各种心理疾病的根源,它的表现形式呈现多样性,已渗透到我们的日常生活和工作中。可以这样说,我们的一生是同浮躁斗争的一生。

无论是做企业还是做人,都不可浮躁,如果一个企业浮躁,往往会导致无节制地扩展或盲目发展,最终会没落;如果一个人浮躁,容易变得焦虑不安或急功近利,最终会失去自我。

夏天的寺院,草地上枯黄一大片。

"快撒些草籽吧,好难看啊。"寺里的一个小徒弟对师傅说。

"不急,要种草,随时。"师傅挥挥手回答。

中秋,师傅买了一大包草籽,叫徒弟去播种。秋风突起,草籽飘舞,徒弟惊叫:"不好,许多草籽被吹飞了。"

"没关系,吹去者多半中空,落下来也不会发芽,"在一旁的师傅说,"随性。"

撒完草籽,几只小鸟即来啄食,小和尚又急。

"没关系,草籽本来就多准备了,吃不完,"师傅继续翻着经书,"随遇。"

　　半夜一场大雨，弟子冲进禅房："这下完了，草籽被冲走了。"
"冲到哪儿，就在哪儿发芽，"师傅正在打坐，眼皮抬都没抬，
"随缘。"

　　半个多月过去了，光秃秃的寺院长出青苗，一些未播种之院
角也泛出绿意，弟子高兴得直拍手。师傅站在禅房前，点点头：
"随喜。"

在这个故事中，徒弟的心态是浮躁的，常常为事物的表象所左右，而
沉住气的师傅看似随意，其实却是洞察了世间玄机后的豁然开朗。

凡事不可浮躁，不可贪大，不可急于求成。成功要一步一步地来，做
事前首先要静下心来，为自己树立起框架，从最微小的部分，踏实地做起。
这样才能积累出宝贵的经验。

从古至今，在各行各业中到处可见成功人士，他们之所以能取得成功
最主要的特质就是能沉住气，不管是面对工作中的障碍，还是身在最恶劣
的环境中，特别是面对浮躁社会中的各种诱惑，他们都能够沉得住气，循
序渐进地做自己的事情。

现代社会中，由于迫于生计，让奔忙在喧嚣都市生活中的我们感到心
浮气躁。尤其是在职场上，为了让自己能过更好的生活，往往存在着急功
近利、好高骛远、一口吃成个胖子等思想，这些都是浮躁的表现。

如果你想成为一个在某方面有所成就的人，就一定不要被这种浮躁
所感染，因为有了这种思想，我们就不能安于生活的平淡和寂寞了。为了
过早地追求成功，你会更相信运气、机会，想立竿见影得到回报，这么一
来，你就不能踏实地对待眼前的工作，更别说做好它了。一个连最基本的
工作都做不好的人，何来的成功？

　　4 年前，叶庆到一家 IT 企业就职，当时共有 19 个人一起入
职，大家的教育背景都差不多。新人分工时，其他 18 个人都分
配到了销售部门，而叶庆却分到了行政部门。虽然大家基本工
资都是 3300 元，但是同事有销售提成，业绩好的可以月薪上万
元，而叶庆就只有基本工资，日子过得紧巴巴的；而且，由于人手
充裕，总监对他这样的新人还有点不放心，就给他放了更多的

假，每周只用上3天班。这让叶庆的朋友羡慕不已，而叶庆却感到很郁闷，觉得自己没有出头之日。

酝酿良久，叶庆找到当初招他进来的方总，要求调动。几天后，方总找他谈话，说公司在远郊的分公司缺人，问他想不想过去做销售，叶庆正愁力气无处使，没有考虑分公司业务的难易程度，一口答应了。

可做了不到2个月，叶庆的业绩差得可怜，而分公司业务最强的同事也只是稍微超额完成了任务。自此，叶庆不再想要什么业绩了，只想先保住饭碗。于是，叶庆再次找方总要求调动工作。方总很惊讶，说："像你这么频繁调动工作的，在我们公司是绝无仅有的。男孩子就要闯一闯，你不要让我失望。"

叶庆开始反思，觉得自己的确太浮躁了。但反思归反思，他对自己还是信心不足，于是开始洞察公司的人事，尤其是职位空缺。后来，他了解到公司另一个分公司有职位空缺。结果，他在领导身上用尽了自己几个月来与客户交涉的所有技巧，以证明自己是有能力、有闯劲的，分公司的老总终于录用了他。

叶庆到了新部门才知道，这里也不是十全十美：工作强度大，周末要加班，基本没有多少闲暇。偶尔，他会想起在行政部门没有压力、只有闲暇的日子，经常对现有的工作发牢骚，心里又打起了换工作的小算盘。

刚开始工作，我们有一些浮躁情绪是很正常的。但是，如果浮躁持续酝酿，则表明你的工作态度需要调整了。"浮躁"已经成为当今社会的一大特征，也成为当今世态的代名词。缺乏耐心，不择手段，甚至失去底线，在利益的蛊惑下，在浮躁的挟带中，追求者在一步步丧失自我。错位的价值观，盲目的追求，注定会导致更多悲剧的产生。一些所谓的成功人士，在将自己的利益最大化的同时，将自己最小化；在将物质财富丰富起来的同时，让精神世界干瘪下去。

丰富的物质不能让人获得长久的安定，内心的满足与丰富才能让人更富足、更快乐。我们在追求财富，享受物质的同时，必须注重寻找内心的力量，得到精神的满足，建立自己的精神家园。这样才能让自己达到身题。当工作中情绪变得浮躁时,自己从没有认真思考过究竟是自己的问题还是企业的问题。

最后请记住:浮躁是人生大敌,无论你要获取幸福快乐,还是要获取成功,你都必须要拭去心灵深处的浮躁之气。